BEI GRIN MACHT SICH IHR WISSEN BEZAHLT

- Wir veröffentlichen Ihre Hausarbeit, Bachelor- und Masterarbeit

- Ihr eigenes eBook und Buch - weltweit in allen wichtigen Shops

- Verdienen Sie an jedem Verkauf

Jetzt bei www.GRIN.com hochladen und kostenlos publizieren

Bibliografische Information der Deutschen Nationalbibliothek:

Die Deutsche Bibliothek verzeichnet diese Publikation in der Deutschen National-
bibliografie; detaillierte bibliografische Daten sind im Internet über http://dnb.d-
nb.de/ abrufbar.

Impressum:

Copyright © 2019 GRIN Verlag
Druck und Bindung: Books on Demand GmbH, Norderstedt Germany
ISBN: 9783668870000

Alexander Markus Rehm, Denis Gaebel, Tony Lakatos, Claudius Valk,
Steffen Weber

Schallwellenanalyse des Sounds professioneller Tenor-saxophonspielerInnen. Teil 5

Variation der zeitlichen Ausprägung des Basistons und der Obertöne sowie der Intensitäts- und Frequenzschwankung der Obertöne durch den Spieler zur Erzeugung des individuellen Sounds

Schallwellenanalyse des Sounds professioneller TenorsaxophonspielerInnen Teil 5

Teil 5: Variation i) der zeitlichen Ausprägung des Basistons und der Obertöne (Teiltöne eines Klangs) sowie ii) der Intensitäts- (Shimmer) und Frequenzschwankung (Jitter) der Teiltöne durch den Spieler zur Erzeugung des individuellen Sounds.

(Part 5: Variation of i) the kinetic for developing the base tone and the corresponding harmonics and of ii) the intensity-shimmer as well as the frequency-jitter of the harmonics by professional players to express their individual sound.)

Autoren: Denis Gaebel, Tony Lakatos, Claudius Valk, Steffen Weber, Alexander Rehm

Zusammenfassung:

Professionelle Tenorsaxophonspieler vermögen beim Anblasen eines Tons die zeitliche Entstehung von Obertönen, die eine wesentliche Bedeutung für den Sound haben, zu kontrollieren und entsprechend den Soundvorstellungen zu variieren. Bei einem „Attacke-artigen" Anblasen werden der Basiston (Grundfrequenz) und die ersten neun Obertöne innerhalb einer Zeitspanne von < 3 ms erzeugt, während bei einem sanften Anblasen, wie zum Beispiel dem sanften Anblasen eines Subtons, die nächsten Obertöne jeweils schrittweise und mit einem zeitlichen Abstand von mehreren ms entstehen. Damit wird der finale Sound eines Klangs erst nach mehreren 100 ms ausgebildet, was Bedeutung für das Soundempfinden hat.

Der Shimmer (Lautstärkeschwankungen) und der Jitter (Frequenzschwankungen) der Teiltöne eines auf dem Tenorsaxophon erzeugten Klangs haben ebenfalls eine wesentliche Bedeutung für den Sound. Variationen dieser Parameter werden von professionellen Tenorsaxophonspielern entsprechend genutzt bzw. aktiv moduliert. So wird z. B. bei einem Subton gegenüber dem Kernton des gleichen Klangs der Jitter und der Shimmer der Teiltöne durch den Spieler deutlich erhöht, was auf Basis psychoakustischer Erkenntnisse relevant für die Soundempfindung und damit ‚effektiv hörbar' ist. Auch hier spielen die von Rehm et al. bereits beschriebenen, für den Sound relevanten Formantenbänder eine wichtige Rolle. Die den Formantenbändern zugrundeliegenden Resonatoren, die entweder im Mund- und Rachenraum des Spielers oder im Instrument lokalisiert sind, erzeugen im Bereich ihrer Resonanzfrequenzen einen zusätzlichen Jitter und Shimmer der dort befindlichen Teiltöne eines Klangs. Dies ist effektiv hörbar und wird von professionellen Spielern aktiv zur Soundgenerierung entsprechend ihren Vorstellungen eingesetzt.

Summary (English):

In the phase of generating a tone on the saxophone, professional players have the ability to control the kinetics of development of the overtones which are of importance for the sound. By generating the tone in an "Attack-style" the base tone as well as the corresponding next 9 overtones are developed simultaneously within 3 ms. By blowing "softly" instead, professional players are able to develop the basetone and the next overtones stepwise with a delay of several milliseconds between each overtone. Therefore it can last several 100 ms until the full sound of a tone (basetone and all corresponding overtones) has been developed and can be heard.

Shimmer (variation of loudness) as well as jitter (variation of frequency) of the overtones (=part-tones) are of importance for the sound of a played note. Professional players use this circumstance for sound-effects and actively vary jitter and shimmer of the overtones. When playing a subtone the players significantly increase jitter and shimmer of the part-tones. According to psycho-acoustic studies, this variation of jitter and shimmer 'can be heard' and therefore causes to an important extend the typical subtone-sound. The previously described "formant-bands" in tenor-saxophone (Rehm et.al) do play an important role for the observed effects on shimmer and jitter as well. These formant-bands, which can be understood as resonators, located either at the vocal tract of the player or at the instrument, generate an additional jitter and shimmer for those overtones which have a frequency located at their own resonance-frequency. As these variations on shimmer and jitter 'can be effectively heard' it is obvious that professional players make use of such effects for generating their individual sound.

Einleitung:

Es ist bekannt und wurde in Publikationen beschrieben, dass professionelle Saxophonspieler das Vermögen besitzen, eine Vielzahl von Parametern zu steuern und zu kontrollieren, um ihren individuellen Saxophon-Sound zu generieren. So sind professionelle Spieler z. B. in der Lage i) das selbst erzeugte Rauschen (Spielerrauschen = SpR) zu modulieren (3), ii) Formanten unterschiedlich auszuprägen (1, 6) und iii) den Rachenraum aktiv zu nutzen, um stabile Altissimo-Töne zu erzeugen (4). Ähnliche Ergebnisse wurden ebenso für die Klarinette publiziert (5). Somit ist davon auszugehen, dass bei dem Tenorsaxophon, welches die physikalischen Eigenschaften einer sich öffnenden Schallröhre besitzt (7), neben den dem Instrument immanenten Resonatoren auch Resonatoren des Rachenraumes des Spielers eine wichtige Rolle für den Sound spielen (8) und dass professionelle Spieler diese Resonatoren, die sich als Formanten oder Formantenbänder messen und darstellen lassen (2) kontrollieren und modulieren können.

Neben den schon beschriebenen Parametern, die Tenorsaxophonspieler nutzen, um ihren individuellen Sound zu erzeugen, stellt sich die Frage ob und wie professionelle Spieler i) Einfluss nehmen können auf die zeitliche Ausprägung bzw. Entstehung von Basis- und Obertönen eines Klangs, ii) Intensitätsschwankungen (Shimmer) von Basiston und Obertönen erzeugen können und iii) Phasen- bzw. Frequenzrauschen von Basiston und Obertönen generieren können, um damit Einfluss auf den Sound zu nehmen. Generell muss davon ausgegangen werden, dass jeder Resonator, der physikalisch auch als fremd-angeregter Oszillator verstanden werden kann, als Charakteristik ein spezifisches Intensitätsrauschen (spezifischer Shimmer) und ein spezifisches Phasen- bzw. Frequenzrauschen (spezifischer Jitter) besitzt. Entsprechend des Modells, dass zumindest einige der messbaren Formanten im Frequenzspektrum dem Rachenraum des Spielers entspringen und diese durch den Spieler in ihrer Ausprägung moduliert werden können, sollte es möglich sein, entsprechende Unterschiede in den Shimmer- und Jitter-Werten der Obertöne zu messen, die im Bereich der Resonanzfrequenzen der Formantenbänder liegen.

In dieser Studie kommt dem Programm „Praat" eine besondere Bedeutung zu, da Praat ein Instrument bietet, definierte Frequenzbereiche eines Klangs, bis hin zu einzelnen Teiltönen, zu vereinzeln und weitergehenden, komplexen Analysen zu unterziehen. Dabei ist insofern Sorgfalt nötig, als dass jede weitergehende Analysemethode von isolierten Frequenzbereichen auf die Validität der, mittels Praat erzielten, Resultate geprüft werden muss. Weiterhin erlaubt diese Studie, durch den Vergleich gleichartiger Aufnahmen von vier professionellen Tenorsaxophonspielern, Aussagen darüber, inwieweit professionelle Spieler diese Modulationsoptionen überhaupt, gleichermaßen oder in unterschiedlicher Weise nutzen.

Material und Methoden:

Die Aufnahmen von Tönen bzw. Rauschen, entsprechend eines für die Studie entwickelten Spielplans unter Einsatz des Tenorsaxophons, von vier professionellen Tenorsaxophonisten (D. Gaebel, T. Lakatos, C. Valk, S. Weber), deren Bearbeitung und Analyse in dem Softwareprogramm „Praat" und die Erstellung von frequenzabhängigen Intensitätsspektren wie auch der Prozess der Datenauswertung, Übertragung in Excel und der weiteren Analyse erfolgten wie bereits beschrieben (1,2,3). Die Tenorsaxophonisten nutzten dabei jeweils „ihr persönliches Setup an Saxophon, Mundstück und Reed", welches für alle Aufnahmen des Spielplans dieser Studie Verwendung fand.

Weiterhin wurden Aufnahmen von Klarinetten zur Analyse herangezogen, die von der „University of New South Wales" auf ihrer Website zum Download und zur weiteren Analyse bereitgestellt wurden. (9) http://newt.phys.unsw.edu.au/music/clarinet/

Um frequenzabhängige Intensitätsspektren (Frequenzspektren) oder daraus abgeleitete frequenzabhängige Formantenspektren miteinander in Beziehung setzen oder mathematischen Prozessschritten (Glättung, Differenzbildung oder Division) unterziehen zu können, wurden übliche mathematische „Interpolations- und Glättungsverfahren" verwendet.

Mittels „Praat" können Zeitabschnitte bei der Tonentstehung separiert und einer Frequenzanalyse unterzogen werden, wobei auf Basis der durchgeführten Analysen, das zeitliche Auflösungsvermögen von Praat bei einem noch tolerierbaren Signal/Rauschen-Verhältnis bei 3 ms liegt.

Der „Shimmer-Max" wird bestimmt als Differenz von höchstem dB-Wert und niedrigstem dB-Wert eines definierten Frequenzbereiches innerhalb eines definierten Zeitraums eines Klangs. In dieser Studie wurde bei hörbar stabilem Ton eine Zeitspanne von 1 sec festgelegt, um den „Shimmer-Max" zu bestimmen. Die Standardabweichung der dB-Intensität eines Klangs in dem Zeitraum von 1 Sekunde kann durch das Software-Programm „Praat" ermittelt werden und wird als „Shimmer-STAW" bezeichnet.

In dieser Studie wird ein Maß für den „Effektiven Shimmer-Max" eingeführt, der den Shimmer von Obertönen bzw. von Frequenzbereichen unter Berücksichtigung der „empfundenen Lautstärke" des betreffenden Obertons oder Frequenzbereiches angibt. Der „Effektive Shimmer-Max" von Obertönen bzw. von Frequenzbereichen wird berechnet, indem die höchste dB-Intensität eines Obertons oder eines Frequenzbereiches des betrachteten Klangs auf den Wert 1 normiert und die dB-Intensitäten anderer Obertöne oder Frequenzbereiche mit Werten zwischen 0 und 1 versehen werden, die nach dem Prinzip der „Lautstärkenhalbierung durch Reduktion um jeweils 10 dB" bestimmt werden (10). Dieser normierte „Lautstärkenwert" wird mit dem Wert für den Shimmer-Max dieses Obertons bzw. Frequenzbereiches (angegeben in dB) multipliziert und man erhält den Wert für den „Effektiven Shimmer-Max" (in dB) dieses Obertons oder Frequenzbereiches. Mit dieser Methode können Werte für den „Effektiven Shimmer-Max" von verschiedenen Tönen, aber auch von verschiedenen Spielern miteinander in Beziehung gesetzt werden.

Der „Jitter-Max" wird bestimmt als maximal messbare Frequenzschwankung (in Hz) innerhalb eines definierten Frequenzbereiches im Zeitraum von 1 Sekunde. Wird die gemessene Frequenzschwankung bzw. der Jitter-Max-Wert ins Verhältnis gesetzt zur mittleren Frequenz des Frequenzbereiches, so erhält man den „relativen Jitter-Max"-Wert (in %).

„Jitter-STAW" gibt die Standardabweichung der messbaren Frequenzwerte (in Hz) innerhalb eines definierten Frequenzbereichs im Zeitraum von 1 Sekunde an und ist somit ein weiteres Maß für die Frequenzschwankung in diesem Frequenzbereich. Den „relativen Jitter-STAW"-Wert (in %) erhält man, indem der Jitter-STAW-Wert ins Verhältnis gesetzt wird zur mittleren Frequenz des entsprechenden Frequenzbereiches.

Um die Jitter- und Shimmer-Werte von einzelnen Peaks eines Frequenzspektrums bestimmen zu können, wurden diese Peaks über die Praat-Funktion: „Publish band-filtered sound" vereinzelt und dann weiteren Analysen innerhalb von Praat unterzogen. Die jeweilige Spannweite des vereinzelten Peaks um das dB-Maximum des Peaks (Peakmaximum) wurde je nach Tonhöhe zwischen $\pm$20 bis $\pm$60 Hz gewählt, um das Signal/Rauschen-Verhältnis des Messergebnisses zu optimieren, wobei nur Messwerte mit gleichen definierten Spannweiten miteinander verglichen wurden.

Die Bandbreite eines Peaks bzw. Obertons (in Hz) in einem frequenzabhängigen Intensitätsspektrum (Frequenzspektrum) eines gespielten Tons wurde bestimmt als Frequenzspanne in Hz des Peaks bei 50 % des Differenzwertes von maximalem dB-Wert des Peaks und dem dB-Wert des Spielerrauschens und wird als „50 % Bandwidth" in Hz angegeben. Diese Methode führt zu einer „immanenten Unterbestimmung der realen Bandbreite" eines Peaks, da der Teil des Peaks, der im Rauschen verschwindet bei der Berechnung nicht berücksichtigt wird. Entsprechende Simulationen der realen Bandbreite, die diesen Effekt berücksichtigen, führen zwar generell zu höheren Werten für die Bandbreite, jedoch sind diese Unterschiede klein gegenüber dem generellen Messfehler der durch die Bestimmungsmethode bedingt ist und konnten somit vernachlässigt werden.

Ergebnisse – Teil 1: Zeitliche Ausprägung von Obertönen durch professionelle Tenorsaxophonspieler

(Abbildungen siehe „Katalog der Abbildungen")

Bei allen vier professionellen Tenorsaxophonspielern dieser Studie war zu beobachten, dass die Spieler ein ausgeprägtes Vermögen haben, den angestrebten Ton auf unterschiedliche Weise entstehen zu lassen. Dabei können als jeweils extreme Ausprägungen (i) das langsame Entstehen eines Tones aus einem vorherigen Spielerrauschen (SpR) und (ii) das „Attacke-artige" Anspielen eines Tones aus völliger Stille verstanden werden. Ein Beispiel für diese zwei unterschiedlichen Arten der Tonentstehung ist in den Abbildungen 1a und 1b (Spieler: T. Lakatos) für ein Zeitfenster von 600 ms dargestellt.

Bei der „Attacke-artigen" Tonentstehung wird innerhalb kürzester Zeit eine maximale Lautstärke (dB) erreicht, die dann in der Phase der „Tonstabilisierung" wieder leicht zurückgeht (siehe Abb. 1a). Bei einer Tonentwicklung aus einem vorherigen SpR, steigt die Lautstärke (Schallpegel) langsam und kontinuierlich an, bis die vom Spieler angestrebte Lautstärke erreicht ist (siehe Abb. 1b). Bei der „Attacke-artigen" Tonentstehung in Abbildung 1a wird nach der dritten vollständigen Signalwelle und damit in wenigen ms die maximale Amplitude (Lautstärke) erreicht, wohingegen in Abbildung 1b erst nach ca. 500 ms die maximale Amplitude erreicht wird. Die zeitliche Entwicklung des Schallpegels bzw. der Lautstärke des Grundtons und der Obertöne kann durch die Anwendung der Fouriertransformation auf kurze Intervalle der Phase der Tonentstehung mit einer Auflösung von bis zu 3 ms bestimmt werden, wobei dabei nicht zwischen einem Rauschsignal bei der Hauptfrequenz des Tons und dem realen Tonsignal unterschieden werden kann (siehe auch Material und Methoden). Ein Beispiel für die zeitliche Entwicklung des Schallpegels des Grund- bzw. Basistons (Grund- bzw. Basisfrequenz des Tons) und verschiedener Obertöne/Teiltöne (Töne mit einem Vielfachen der Grundfrequenz) bei der Tonstehung eines tiefen D, gespielt als Subton, ist in Abbildung 2 dargestellt (Spieler C. Valk). Der erkennbare initiale leichte Anstieg des Schallpegels des Grundtons und der Obertöne entspricht dem Signal des Spielerrauschens, da noch keine klaren „Tonsignale in Form von Intensitäts-Peaks" in der Fourier Analyse erkennbar sind, wohingegen die Phase des schnellen Anstiegs des Schallpegels die Ausprägung des Tonsignals (Ausbildung von Frequenzpeaks) repräsentiert.

Als Vergleich ist in Abbildung 3 die zeitliche Entwicklung des Schallpegels des Grundtons und verschiedener Obertöne für eine Klarinette für den Ton B3 (Basisfrequenz: 147 Hz) dargestellt (6; University of New South Wales /Australien; http://newt.phys.unsw.edu.au/music/clarinet/). Auch wenn es, bedingt durch die Bauart der Klarinette, Unterschiede im maximalen Schallpegel der ungeradzahligen und geradzahligen Obertöne gibt, so ist, bei einer Normalisierung der Tonentwicklung auf den maximalen Schallpegel des Teiltons, die prinzipielle Gleichartigkeit der zeitlichen Entwicklung der Entstehung von Grund- und Obertönen zwischen Klarinette und Saxophon offensichtlich.

Wird bei einer Darstellung der zeitlichen Entwicklung des Schallpegels der Töne (siehe Abb. 2 und3) die lineare Phase des normierten dB-Anstieges (diese repräsentiert in der Fourier Analyse den Anstieg des Schallpegels durch das Tonsignal) auf den Schnittpunkt mit der X-Achse extrapoliert, so kann der entsprechende Schnittpunkt als Zeitpunkt für die Entstehung des betreffenden Grund- oder Obertons verstanden werden. Wird der entsprechende Schnittpunkt dieser Extrapolation des Grund- bzw. Basistons mit der X-Achse (= Zeitachse) als genereller Startpunkt der Tonentstehung verstanden und somit mit dem Zeitpunkt „0 ms" gleichgesetzt, so müssen die Zeitpunkte der Tonentstehung für die Obertöne als „Zeitliche Verzögerung der Tonentstehung in ms gegenüber der Tonentstehung des Grundtons" (= „Delay ms") verstanden werden. In Abbildung 4 sind die „Zeitlichen Delays in ms" der Obertöne gegenüber dem Grundton für die Klarinettenaufnahme dargestellt, die Gegenstand der Abbildung 3 sind. Dabei ist zu erkennen, dass mit zunehmender Frequenz der Obertöne eine Verzögerung der Tonentstehung einhergeht. Dies gilt zumindest für die Obertöne bis zur ca. neunfachen Frequenz des Grundtons.

In Abbildung 5 ist die „Zeitliche Verzögerung der Obertonentstehung gegenüber der Tonentstehung des Grundtons für ein tiefes D des Tenorsaxophons" dargestellt, welches als Kern- bzw. als Subton vom Spieler erzeugt wurde. Hierbei hat der Spieler (C. Valk) in beiden Fällen das Vorhaben verfolgt, den Ton möglichst sanft (ohne Attacke-Effekt) entstehen zu lassen.

Dieser Befund, wie auch weitere Befunde bei den Tenorsaxophonspielern dieser Studie (data not shown) zeigen, dass professionelle Tenorsaxophonspieler über ein ausgeprägtes Vermögen verfügen, den angestrebten Ton in einer zeitlichen Folge der Ausprägung der Obertöne entstehen zu lassen. D. h. dass professionelle Tenorsaxophonspieler in kontrollierter Weise einen „vollständigen Klang" aus dem initialen Grundton und einer über die Zeit zunehmenden Zahl an Obertönen aufbauen können. Vergleichbare Analysen von Tönen die „Attacke-artig" von den Spielern dieser Studie erzeugt wurden (siehe dazu beispielhaft Abbildung 6; Spieler D. Gaebel) geben klare Hinweise darauf, dass die Spieler bei dieser Technik in der Lage sind, zumindest die ersten neun Obertöne mit einer Verzögerung zu erzeugen, die unter der Nachweisgrenze von 3 ms der verwendeten Messmethodik liegt.

Ergebnisse Teil 2: Erzeugung von Intensitätsschwankungen (Shimmer) und Frequenz- bzw. Phasenschwankungen (Jitter) der Teiltöne eines Klangs durch professionelle Tenorsaxophonspieler

Im Gegensatz zur Phase der Tonentstehung, zeichnet sich der von einem professionellen Tenorsaxophonspieler erzeugte, stabile Ton dadurch aus, dass nahezu keine Lautstärkeschwankungen des Klangs hörbar sind. Wird ein von einem professionellen Tenorsaxophonspieler erzeugter Ton synthetisch nachgebildet, indem sowohl das Spektrum des Spielerrauschens (3) simuliert wird, wie auch der Grundton und die Obertöne in entsprechender Intensität als Sinustöne synthetisch erzeugt werden, so ergibt sich dennoch nicht das gleiche Klangerlebnis wie durch den professionellen Tenorsaxophonspieler (data not shown). Es ist somit offensichtlich, dass ein professioneller Tenorsaxophonspieler noch weitere Komponenten des Klangs beeinflusst bzw. verändert, wodurch sich der von ihm erzeugte Klang von einem synthetischen Klang, der das gleiche intensitätsabhängige Frequenzspektrum zeigt, im Hör- bzw. Sounderlebnis unterscheidet. Es kann vermutet werden, dass eine durch den Spieler induzierte „Intensitätsschwankung der einzelnen Grund- und Obertöne"

(Shimmer) diesbezüglich eine Rolle spielen kann, wie auch eine „Phasen- bzw. Frequenzschwankung des einzelnen Tons bzw. Obertons" (Jitter). Die Bestimmung von Werten für Shimmer und Jitter ist über spezifische Funktionen von „Praat" möglich, wobei die über Praat ermittelten Daten für die Töne eines Saxophons auf Validität geprüft werden müssen (siehe Material und Methoden). Zur Bestimmung von Jitter und Shimmer wurde jeweils eine Tonaufnahme von 1 sec Länge herangezogen, die im Klangerlebnis keine hörbaren Schwankungen zeigt. D. h. es wurde ein „hörbar stabiler Ton" zur Bestimmung von Jitter und Shimmer herangezogen, so dass davon ausgegangen werden muss, dass den bestimmbaren Jitter und Shimmer in diesem Fall auch wesentliche Bedeutung für den typischen Sound des jeweiligen Tenorsaxophonspielers zukommt. Auch für die „50 % Bandbreite" eines Frequenzsignals eines Obertons im Fourier-Spektrum (definiert als Bandbreite (Hz) des Peaks im Frequenzspektrum bei 50 % der Differenz des maximalen dB-Wertes des Peaks und des korrespondierenden SpR – siehe Material und Methoden) kann eine Korrelation mit dem Jitter-Wert erwartet werden (14,15).

Für die im Folgenden dargestellten Ergebnisse wurden der Grundton und die jeweiligen Obertöne eines von einem Tenorsaxophonspieler erzeugten Tons unter Einsatz entsprechender Bearbeitungsfunktionen in Praat als digitale Signale separiert und jeweils einzeln den Analysefunktionen in Praat unterzogen. Diese Aufbereitungs- und Analyseprozeduren wurden standardisiert und entsprechend validiert. Das offerierte Analysetool von Praat zur Bestimmung des Jitter-Wertes konnte allerdings in diesem Setup nicht eingesetzt werden, da dies keine reproduzierbaren bzw. validen Ergebnisse lieferte. Folgende Parameter wurden bestimmt:

Als Maß für den Shimmer eines definierten Frequenzbereiches:

a) Differenz zwischen maximaler und minimaler dB-Intensität des analysierten Frequenzbereichs oder Teiltons eines Klangs im Zeitintervall von 1 sec. (Shimmer-Max)
b) Standardabweichung des Intensitätswertes (dB) des analysierten Frequenzbereichs oder Teilton eines Klangs im Zeitintervall von 1 sec. (Shimmer-STAW)

Als Maß für Jitter:

a) Differenz zwischen maximaler und minimaler messbarer Frequenz des analysierten Frequenzbereichs oder Teiltons eines Klangs im Zeitintervall von 1 sec (Jitter-Max), bzw. relativer Wert der Differenz (%) zur mittleren Frequenz des analysierten Frequenzbereichs (relativer Jitter-Max)
b) Standardabweichung der Frequenz (Hz) des analysierten Teiltons eines Klanges im Zeitintervall von 1 sec (Jitter-STAW), bzw. relativer Wert der Standardabweichung (%) zur mittleren Frequenz (Hz) des analysierten Frequenzbereichs (relativer Jitter-STAW).
c) Bandbreite (in Hz) des Peaks eines Teiltons im Frequenzspektrum bei 50 % des Differenzwertes von maximalen dB-Wert des Peaks und dem dB-Wert des Spielerrauschens (50 % Bandwidth)

Werte von „Shimmer-Max" für definierte Frequenzbereiche des gespielten Ton-H sind beispielhaft in Abb. 7 und in Tabelle 1 dargestellt. Dabei enthält jeder Frequenzbereich mehrere Teil- bzw. Obertöne. Frequenzbereiche, die bei 0 Hz starten enthalten somit auch den Basiston. Es ist erkennbar, dass in Bereichen mit höheren Frequenzen, trotz abnehmender Gesamtintensität bzw. Lautstärke dieser Bereiche, der absolute Wert für Shimmer-Max und damit die Intensitätsschwankung deutlich zunimmt.

Abbildung 8 zeigt die zeitliche Schwankung der Intensität des Tons aus Abbildung 7 für die Frequenzbereiche von 0-1000 Hz, 1000-2000 Hz und 2000-3000 Hz im Zeitraum von 1 Sekunde. Es wird deutlich, dass die Intensitätsschwankung in den unterschiedlichen Frequenzbereichen nicht phasengleich erfolgen, sondern z. T. sogar gegenläufig ausfallen. Die Intensitätsschwankungen des

Basistons (220 Hz) und 1. Obertons (440 Hz) sind in Abbildung 9 dargestellt – auch hier wird eine ausgeprägte Gegenläufigkeit der Intensitätsschwankungen sichtbar. Ergebnisse bei anderen Spielern und auch bei unterschiedlichen Tönen zeigen gleichermaßen, dass Intensitätsschwankungen des Basistons und der Obertöne wie auch einzelner Frequenzbereiche eines Tons oftmals nicht phasengleich sind, sondern unterschiedliche Dynamiken haben (data not shown).

Welche „empfindbare bzw. hörbare Wertigkeit" diese Intensitätsschwankungen für den typischen Sound eines Spielers haben, ist schwer quantifizierbar. Um diesbezüglich einen Anhaltspunkt zu erhalten, wurde der Versuch gemacht, den Ton eines Spielers durch synthetische Generierung des Basistons und der Obertöne (aus Sinusfunktionen) entsprechender Intensität und mit Unterlegung des spezifischen Spielerrauschens (3) zu simulieren. Die entsprechenden Frequenzspektren des gespielten Originaltons und eines so simulierten Tons sind in Abb. 9a und 9b dargestellt. Die Frequenzspektren weisen ein hohes Maß an Übereinstimmung auf. Die errechneten „Effektiven Shimmer-Max"-Werte für definierte Frequenzbereiche der Töne der Frequenzspektren von Abbildung 9a und 9b sind in Abbildung 10 dargestellt und weisen für alle Frequenzbereiche zwischen 0-5000 Hz deutlich unterschiedliche Werte für den „Effektiven Shimmer-Max" des gespielten und des simulierten Tons auf. Diese Unterschiede korrelieren mit dem deutlich unterschiedlichen Klangerlebnis von Testpersonen für den gespielten Originalton und den simulierten Ton (Anmerkung: Alle Testpersonen konnten signifikante Unterschiede zwischen Original- und simuliertem Ton erkennen / data not shown). Insofern kann geschlossen werden, dass die messbaren Unterschiede in den „Shimmer-Max"-Werten zwischen gespieltem und simuliertem Ton wesentliche Bedeutung für den Sound eines Tenorsaxophonklangs haben und dass diese „Sound-Komponente" aktiv und kontrolliert vom Saxophonspieler generiert wird.

Als weiteres Maß für den Shimmer kann mittels Praat die Standardabweichung (Shimmer-STAW – Einheit: dB) für die Intensitätswerte definierter Frequenzen eines Klangs im Zeitintervall von 1 Sekunde bestimmt werden. Die Korrelation der über Praat ermittelbaren Shimmer-STAW Werte und der gemessenen Shimmer-Max Werte sind für den Grundton und die ersten 26 Obertöne eines gespielten Ton-H in Abbildung 11 dargestellt. Der R^2-Wert (Korrelationsfaktor) von > 0,6 weist darauf hin, dass sowohl die Werte für „Shimmer-Max" wie auch für „Shimmer-STAW" herangezogen werden können, um die Intensitätsschwankungen unterschiedlicher Frequenzbereiche oder einzelner Obertöne eines Klangs mit entsprechender Signifikanz darzustellen.

In Abbildung 12 ist der Shimmer-STAW des Basistons und der Obertöne eines gespielten Hs aufgetragen gegen die Frequenz des jeweiligen Tons – es ergibt sich ein Shimmer-STAW-Frequenzspektrum. Das Shimmer-STAW-Frequenzspektrum zeigt Peaks bei Frequenzen von 660 Hz, 1760 Hz, 2640 Hz, 3520 Hz, 4620 Hz und 5270 Hz (P0 – P5). Ein nach gleicher Methode erzeugtes Frequenzspektrum des Shimmer-Max für den gleichen gespielten Ton-H ist in Abbildung 13 dargestellt. Beide Shimmer-Frequenzspektren (Abb. 12 und Abb. 13) zeigen eine gleiche Anzahl an Peaks mit nahezu identischer Lage der Maxima.

In gleicher Weise wie für den Shimmer können auch Frequenzspektren für gemessenen Jitter-Werte eines gespielten Tons generiert werden. Die Frequenzspektren für den relativen Jitter-STAW (%) und den relativen Jitter-Max (%) des gespielten Ton-H sind in Abbildung 14 und 15 dargestellt. In beiden Spektren werden jeweils fünf Maxima und ein Minimum deutlich. Die entsprechenden Frequenzwerte der sichtbaren Peaks stimmen mit den identifizierten Peaks in den Frequenzspektren der Shimmer-Werte überein (siehe Abb. 12 und 13).

Die Korrelation der über Praat ermittelbaren rel. Jitter-STAW-Werte (Abb. 14) und der rel. Jitter-Max-Werte (Abb. 15) ist in Abbildung 16 dargestellt. Der R^2-Wert (Korrelationsfaktor) von > 0,6 weist daraufhin, dass sowohl die Werte für „relativer Jitter-Max (%)" wie auch für „relativer Jitter-

STAW (%)" herangezogen werden können, um die Frequenz- bzw. Phasenschwankungen von Frequenzbereichen bzw. von einzelnen Teiltönen eines Klangs mit entsprechender Signifikanz darzustellen.

Die Shimmer-Max-Werte von Basis- und Obertönen im Frequenzbereich von 0-5000 Hz sind für zwei benachbarte Töne (gespielte Töne A und H) sowie für die oktavierten Töne für zwei Spieler dieser Studie in Abbildung 17a und 17b dargestellt. Es ist offensichtlich, dass der Basiston eines jeden gespielten Tons den geringsten Shimmer-Max-Wert besitzt und einige Obertöne deutlich größere Shimmer-Max-Werte zeigen als der Basiston. Dies wird bestätigt durch Daten anderer Spieler dieser Studie (data not shown). Generell scheint das Shimmer-Max-Niveau der Obertöne bei den tieferen Tönen leicht höher zu liegen als bei den oktavierten Tönen (siehe Abb. 17a und 17b).

Die rel. Jitter-Max-Werte von Basis- und Obertönen im Frequenzbereich von 0-5000 Hz sind für die gleichen Töne und für die gleichen Spieler wie in Abbildung 17 in Abbildung 18a und 18b dargestellt. Bei den tiefen Tönen weist bei beiden Spielern der Basiston den höchsten rel. Jitter-Max-Wert auf, während die rel. Jitter-Max-Werte der Obertöne > 1000 Hz ein weitgehend gleichbleibendes niedrigeres Niveau aufweisen. Auch bei den oktavierten Tönen fällt der rel. Jitter-Max-Wert des Basistons höher aus als das durchschnittliche Niveau der rel. Jitter-Max-Werte der Obertöne.

Betrachtet man die Art der Ausprägung bzw. Form der Peaks der Obertöne in einem frequenzabhängigen Intensitätsspektrum (Frequenzspektrum), so zeigt sich eine Veränderung der Peaks mit zunehmender Frequenz in zweierlei Hinsicht: 1) Die Höhe der Peaks (dB-Wert) nimmt in der Regel mit zunehmender Frequenz der Obertöne ab und 2) Die Breite des Peaks (Bandbreite in Hz) nimmt in der Regel mit zunehmender Frequenz der Obertöne zu. Dies ist beispielhaft für den 3. Oberton und den 17. Oberton eines gespielten H in Abbildung 19 dargestellt. Es ist offensichtlich, dass die Bandbreite des Peaks des 17. Obertons mit einem Peakmaximum bei ca. 3990 Hz größer ist als die Bandbreite des Peaks des 3. Obertons mit einem Maximum bei ca. 886 Hz. Die generelle Zunahme der Bandbreite eines Frequenzpeaks mit zunehmender Frequenz des Obertons ist beispielhaft in Abbildung 20 dargestellt. Der Wert von > 0,9 für R^2 weist auf eine starke lineare Korrelation von Bandbreite des Peaks und Frequenz des entsprechenden Obertons hin.

Es ist beschrieben, dass die Bandbreite eines Frequenzpeaks Ausdruck des Frequenz- bzw. Phasenrauschens und damit des Jitter eines Obertons ist (14,15). Somit wäre zu erwarten, dass die mittels Praat messbaren Jitter-Parameter für einzelne Obertöne mit den Werten für die Bandbreite der Frequenzpeaks korrelieren. Diese erwarteten Korrelationen der Bandbreite mit den mittels Praat bestimmten Werten für Jitter-Max und Jitter-STAW sind in Abbildung 21a und 21b dargestellt. Die jeweiligen hohen Werte für R^2 weisen darauf hin, dass die Bandbreite (50 % Bandwidth) ebenfalls als ein verlässliches Maß für das Frequenzrauschen eines Teiltons herangezogen werden kann.

Signifikante Unterschiede in den frequenzabhängigen Intensitätsspektren (= Frequenzspektren) des gespielten tiefen D als Kern- und Subton wurden bereits von Rehm et. al beschrieben (1,3). Die unterschiedliche Ausprägung bzw. Form der Frequenzpeaks der entsprechenden Frequenzspektren des tiefen D als Kern oder Subton gespielt, legen die Vermutung nahe, dass die Obertöne dieser Klänge unterschiedliches Frequenz- bzw. Phasenrauschen aufweisen. In Abbildung 22a und 22b sind die Bandbreite (50 % Bandwidth / Abb. 22a) sowie die Werte für Jitter-STAW (Abb. 22b) für den Basiston und einige Obertöne dargestellt. Es ist offensichtlich, dass beide Parameter für den Basiston und die Obertöne deutliche Unterschiede aufweisen zwischen dem gespielten Kernton und dem Subton, was auch durch die Regressionsgeraden bzw. deren unterschiedliche Steigung deutlich wird. Die Werte für Bandbreite und Jitter-STAW des Subtons steigen mit zunehmender Frequenz der Obertöne stärker an als beim Kernton, d. h. das Frequenzrauschen der Obertöne wird durch den Spieler beim Subton deutlich verstärkt. Auffällig ist, dass sich im Jitter-STAW-Spektrum des Subtons ein Maximum zwischen

1500-2000 Hz zeigt (siehe Abb. 22b), welches bei der Bandbreite so nicht sichtbar ist. Generell nimmt beim Subton mit zunehmender Frequenz der Obertöne auch die Schwankung der Intensität der Obertöne (Shimmer-STAW) stärker zu als beim Kernton (siehe Abb. 22c), wobei sich auch im Shimmer-STAW-Spektrum ein Peak zwischen 1500-2000 Hz zeigt.

Bei drei (T. Lakatos, C. Valk, S. Weber) der vier Spieler dieser Studie zeigt sich das in Abbildung 22a-c dargestellte Phänomen bzgl. der Unterschiede in der Bandbreite des Jitter und des Shimmer zwischen Subton und Kernton prinzipiell in gleicher Weise, jedoch mit unterschiedlicher Ausprägung. Entsprechende Daten für T. Lakatos sind in den Abbildungen 23a-c dargestellt. In Abbildung 23b ist der relative Jitter-STAW-Wert (siehe Material und Methoden) aufgetragen gegen die Frequenz des Basistons bzw. der Obertöne. Dort wird deutlich, dass i) das Frequenzrauschen (rel. Jitter-STAW-Wert) sowohl beim Basiston wie auch bei den Obertönen beim Subton immer ein höheres Niveau einnimmt und ii) noch Peaks ausgebildet werden, die auf eine zusätzliche Steigerung des Frequenzrauschens in diesen Frequenzbereichen hinweisen. Die gleichen Peaks wie im rel.-Jitter-STAW-Spektrum des Subtons zeigen sich auch im Shimmer-STAW-Spektrum des Subtons (siehe Abb. 23c).

Bei dem Spieler D. Gaebel hingegen ist das Phänomen zu beobachten, dass die Werte für die Bandbreite (data not shown) und die rel. Jitter-STAW (siehe Abbildung 24a) für die Obertöne des Kern- und Subtons ein eher gleichartiges Niveau erreichen und allein bei 1500-2500 Hz eine deutliche Steigerung der Frequenzschwankung der Obertöne des Subtons stattfindet. Damit werden zwei Peaks in diesem Bereich des rel. Jitter-STAW-Spektrum des Subtons erkennbar (Abb. 24a). Auch das Shimmer-STAW-Spektrum des Subtons (Abb. 24b) zeigt diese zwei ausgeprägten Peaks gegenüber dem Kernton, wobei das generelle Niveau der Shimmer-STAW-Werte der Obertöne beim Subton nur geringfügig höher liegt als beim Kernton.

Interpretation der Ergebnisse

Professionelle Tenorsaxophonspieler nutzen verschiedene Formen der Toninitialisierung, um bestimmte Soundeffekte zu generieren. Zwei extreme Formen stellen das „langsame bzw. sanfte Anblasen" bzw. die plötzliche bzw. „Attacke-artige" Tongenerierung durch den Spieler dar. Entsprechende Hinweise, dass bei der Flöte und einer „Attacke-artigen" Tongenerierung die Obertöne mit nur geringer Verzögerung gegenüber dem Basiston vom Spieler generiert werden, bzw. bei einem „sanften" Anspielen die Verzögerung zur Entstehung der Obertöne gegenüber dem Basiston anwächst finden sich bei Meyer (11). Die Spieler dieser Studie demonstrieren, dass Sie in der Lage sind, einen Ton in einer „Attacke-artigen Weise" so anzuspielen, dass zumindest die ersten neun Obertöne ohne messbare Verzögerung (Nachweisgrenze: 3 ms) zusammen mit dem Basiston erklingen (siehe Abb. 6). Dies erfordert ein besonderes Kontrollvermögen durch den Spieler, denn das Reed, dem diesbezüglich eine besondere Bedeutung zukommt (12), muss ausreichend Energie erfahren, um unverzüglich in einen komplexen Schwingungszustand (Basiston und mehrere Obertöne) versetzt zu werden; gleichzeitig muss der Spieler aber auch die Kontrolle des Reeds über die Lippenspannung so vornehmen, dass allein der Zielklang erzeugt wird und nicht unkontrollierte Nebengeräusche oder andere Töne, die nicht der Obertonreihe des Basistons entsprechen (Anmerkung: ein derartiges unerwünschtes Phänomen ist oftmals bei Laienspielern zu beobachten, die dies allerdings nicht kontrollieren können, während professionelle Spieler diesen „Missklang" gezielt erzeugen können). Ebenfalls konnten die Spieler dieser Studie demonstrieren, dass Sie durch ein sanftes Anspielen einen Klang entstehen lassen können und einen damit verbundenen Sound erzeugen, der durch eine zeitliche Abfolge in der Entstehung des Basistons und der weiteren Obertöne charakterisiert ist (siehe Abb. 5). Ein weiterer Effekt, den professionelle Spieler beherrschen und nutzen ist die Generierung des Klangs aus einem erzeugten Spielerrauschen/SpR (siehe Abb. 1b). Dabei entspricht das dem Ton vorgeschaltete SpR dem schon beschriebenen tonlosen Spielerrauschen (3). Interessant ist, dass auch bei der Klarinette (bei einem professionellen Spieler) ein gleichartiger Effekt der chronologischen Entstehung der Obertöne beobachtbar ist (siehe Abb. 4), obwohl, bedingt durch die Bauart des Instruments, die Intensität der geradzahligen und ungeradzahligen Obertöne unterschiedlich ausfällt (5).

Professionelle Spieler nutzen den Soundeffekt, der sich mit einem langsamen Anblasen des Tons erzeugen lässt, regelhaft, wobei hierbei durchaus gewollte Unterschiede in der „Geschwindigkeit der Klangausbildung" (bzw. der zeitlichen Ausbildung von Basiston und Obertönen) gemacht werden, wenn sich der Zielsound (z. B. Subton oder Kernton eines tiefen Klangs) unterscheidet (siehe Abb. 5).

Aus psychoakustischen Untersuchungen ist bekannt, dass Töne, die in einem zeitlichen Abstand von größer 5-20 ms entstehen, auch als distinkte Töne wahrgenommen werden können (13), wobei es zu einer Beeinflussung in der Wahrnehmung eines Tons durch den vorherigen Ton kommt, je kürzer die Zeitspanne zwischen den beiden Tönen ist und je größer die Intensitätsunterschiede beider Töne ausfallen (10). Wird dies berücksichtigt, so lässt sich folgern, dass die in dieser Studie messbaren Unterschiede in der zeitlichen Ausprägung von Basiston und Obertönen, die professionelle Spieler durch die unterschiedliche Art des Anblasens von Tönen auf dem Tenorsaxophon erzeugen, auch Relevanz haben für den Sound, da diese Effekte „hörbar" sind und damit bewusst erlebt werden.

Psychoakustische Untersuchungen zeigen ebenfalls, dass relativ kleine Unterschiede in der Frequenz eines Tons wie auch in der Lautstärke wahrgenommen werden können (10). Professionelle Tenorsaxophonspieler sind sehr erfahren und geübt darin, die Stimmung bzw. Frequenz eines Tons (Intonation, pitch) zu treffen und konstant zu halten und auch die Lautstärke bzw. Lautheit des Tons auf einem gleichbleibenden Niveau zu belassen. Dennoch zeigen auch professionelle Spieler ein gewisses Maß an Variation bzgl. Lautheit (Shimmer) und Tonfrequenz (Jitter) wobei bisher unklar war, in welchem Ausmaß diese Variationen bei professionellen Spielern auftreten und ob diese Variationen aktiv vom Spieler eingesetzt werden, um einen spezifischen Sound zu erzeugen.

Abbildung 7 und Tabelle 1 belegen, dass in einem Zeitintervall von 1 Sekunde, bei der Vorgabe eines „stabilen Tons", auch bei einem professionellen Spieler Variationen der Lautstärke für bestimmte Frequenzbereiche auftreten. Dabei fällt auf, dass mit größerer Entfernung der Frequenzbereiche vom Basiston die Intensitätsschwankungen zunehmen, obwohl die Intensität der entsprechenden Obertöne mit zunehmender Frequenz tendenziell abnimmt (1,2,3,8) – siehe auch Tabelle 1 und Abb. 9a.

Die Schwankungen der Lautstärke in den unterschiedlichen Frequenzbereichen sind nicht phasengleich, sondern zeigen sogar z. T. gegenläufiges Verhalten (Abb. 8a). Sogar zwischen dem Basiston und dem 1. Oberton kann es zu einer ausgeprägten Phasengegenläufigkeit der Lautstärke kommen (Abb. 8b). Nach Erkenntnissen aus dem Bereich der Psychoakustik kann davon ausgegangen werden, dass bei einem Lautstärkelevel zwischen 40-80 dB, Lautstärkeschwankungen von 0,3-1 dB in unterschiedlichen Frequenzbereichen wahrgenommen werden können (10). Damit ist zu folgern, dass die hier gemessenen Shimmer bzw. Lautstärkeschwankungen (Abb. 7; Abb. 8a-b; Tabelle 1) „prinzipiell hörbar sind" und somit zum Sounderlebnis beitragen.

Das der vom Spieler erzeugte Shimmer der Teiltöne eines Klangs eine signifikante Bedeutung für den Sound bzw. die Soundwahrnehmung hat, zeigt sich in der Effektivitätsbewertung des messbaren Shimmers bei einem gespielten Ton gegenüber einem simulierten Ton (siehe Abb. 9). Der nach Kriterien der Psychoakustik kalkulierte „effektiv hörbare Shimmer" (10, siehe Material & Methoden) für verschiedene Frequenzbereiche zeigt deutliche Unterschiede zwischen gespieltem Ton und simuliertem Ton. Dies korrespondiert mit den Aussagen der Testpersonen (Anmerkung: nicht musikalisch geschulte Laien) die spontan bestätigen konnten, dass die zwei Töne (simulierter und gespielter Ton) bzgl. Tonhöhe doch „sehr ähnlich oder nahezu identisch" seien, der Sound „aber deutliche Unterschiede" aufweise. Der in dieser Studie eingeführte Parameter „Effektiver Shimmer Max" ist auf Basis obiger Befunde offensichtlich geeignet, um „gehörte bzw. empfundene Soundunterschiede zwischen 2 Klängen", die zu einem erheblichen Maße auf unterschiedliche Shimmer von Teiltönen oder Frequenzbereichen zurückgeführt werden können, zu quantifizieren.

Die gemessenen und z. T. gegenläufigen Intensitätsschwankungen einzelner Frequenzbereiche eines gespielten Tons werden nicht als Lautstärkenschwankung des gesamten Klangs wahrgenommen, was einer Schwebung des Klangs entspräche, sondern der Effekt ist vielmehr als „zeitlich komprimierte Klangvariation" zu verstehen. Denn im Wesentlichen sind es die Obertöne (Töne mit dem Vielfachen des Basistons) und nicht das ebenfalls vorhandene Spielerrauschen, die gegenläufige Intensitätsschwankungen zeigen, wodurch in der Summe dieser gegenläufigen Schwankungen die Lautstärke des Klangs nahezu unverändert bleibt – dieser Effekt kann somit eher als „Klang- oder Soundrauschen" verstanden werden. Es kann davon ausgegangen werden, dass dieses „Klang- bzw. Soundrauschen", welches nur beim gespielten Ton in signifikanter Form auftritt und nicht beim simulierten Ton, in erheblichem Maße verantwortlich ist für die hörbaren Soundunterschiede zwischen beiden Tönen.

Neben der Messung von Shimmer-Max und Shimmer-STAW Werten für Frequenzbereiche eines Klangs, die mehrere Teiltöne enthalten, können mittels Praat auch Shimmer-Werte für einzelne Teiltöne (z. B. Basiston und einzelne Obertöne) eines Klangs bestimmt werden. Die resultierenden Frequenzspektren für Shimmer-Max und Shimmer-STAW der Teiltöne eines gespielten Ton H (Abb. 12, 13) weisen im Frequenzbereich von 0-6000 Hz sechs dezidierte Peaks auf. Die Ähnlichkeit der Frequenzspektren für Shimmer-Max und Shimmer-STAW ist dabei nicht verwunderlich, da beide Parameter erwartungsgemäß entsprechend korrelieren (Abb. 11).

Vergleichbare Frequenzspektren mit der gleichen Anzahl an Peaks sowie identischer Position der Peaks erhält man für den „relativen Jitter-Max" und den „relativen Jitter-STAW" des gleichen Klangs (Abb. 14,15). Auch hier zeigt sich die erwartete Korrelation zwischen den Jitter-Max- und Jitter-STAW-Werten (Abb. 16). Als Paradox fällt auf, dass der positive Peak im Shimmer-Spektrum bei ca. 3520 Hz im Jitter-Spektrum als schwach negativer Peak in Erscheinung tritt.

Die durchaus hohe Ähnlichkeit bzgl. Anzahl und jeweiliger Frequenzposition der Peaks in den Shimmer- und Jitter-Spektren mit beschriebenen Formantenbändern der frequenzabhängigen Intensitätsspektren (1, 2, 3, 8) lässt vermuten, dass die Resonatoren, die verantwortlich sind für die Ausbildung der Formantenbänder auch die Peaks in den Jitter- und Shimmer-Spektren verursachen. Die beobachteten Effekte in den Jitter- und Shimmer-Spektren könnten dann auf die Resonatoren zurückzuführen sein, wenn diese nicht nur die Eigenschaft hätten, i) durch den Resonanzeffekt generell die Intensität des Schallsignals bei der Resonanzfrequenz zu steigern (bzw. die Lautstärke bei der Resonanzfrequenz zu erhöhen) und damit Formantenbänder auszuprägen, sondern auch ii) eine Intensitäts- und Frequenzschwankung des Schallsignals im Bereich der Resonanzfrequenz zu erzeugen. Interpretiert man einen Resonator als Oszillator, der sich jedoch nicht selbst anregt, sondern fremd angeregt wird, so könnten generelle Oszillatoreigenschaften eine Erklärung für die beobachteten Effekte bzw. Peaks in den Jitter- und Shimmer-Spektren liefern. Ein idealer Oszillator würde weder ein Amplituden- noch ein Phasenrauschen zeigen; für reale Oszillatoren sind hingegen Parameter beschrieben (14), die das Amplitudenrauschen (Shimmer) des Oszillators bedingen (Dv(t)) bzw. die ein Phasen- bzw. Frequenzrauschen erzeugen (j(t)). Insofern ist auch zu erwarten, dass ein realer Resonator, wie er als Ursache für die Ausprägung der Formantenbänder angenommen werden kann, das Schallsignal bei der Resonanzfrequenz nicht nur verstärkt, sondern diesem auch ein zusätzliches Amplituden- und Frequenzrauschen hinzufügt.

Auf diese Weise können sowohl i) die Ausprägung der Formantenbänder, die in den frequenzabhängigen Intensitätsspektren von gespielten Saxophontönen sichtbar werden (1, 2, 3, 8) wie auch ii) die Peaks in den Shimmer- und Jitter-Spektren der Saxophontöne (Abb. 12-15), auf Resonatoren zurückgeführt werden, die entweder im Mund- und Rachenraum des Spielers lokalisiert sind oder dem Instrument zugeordnet werden müssen (8).

Dies liefert jedoch keine Erklärung für die Ausprägung eines positiven Peaks im Shimmer-Spektrum bei ca. 3500 Hz und eines korrespondierenden negativen Peaks im Jitter-Spektrum (Abb. 12-15). Aus bisherigen Untersuchungen wurde deutlich, dass im Frequenzbereich von 3000-3500 Hz unter bestimmten Umständen ein besonderes Phänomen bei der Ausprägung des Spielerrauschens auftritt, welches mit dem vorgeschlagenen „Formantenmodell" ebenfalls nicht erklärbar ist (1,3). Es kann auch auf Basis physikalischer Gesetzmäßigkeiten ausgeschlossen werden, dass ein Resonator in diesem Frequenzbereich ein zusätzliches Amplitudenrauschen erzeugt, aber gleichzeitig eine Dämpfung des Phasenrauschens vornimmt. Insofern ist eine modellbezogene Erklärung dieses Phänomens nicht möglich. Es ist zwar denkbar, dass im betroffenen Frequenzbereich zwei unterschiedliche Resonatoren unterschiedlicher Herkunft (z. B. ein Resonator im Mund- und Rachenraum und einer im Instrument) liegen, deren Signale sich überlagern. Wie jedoch die Überlagerung erfolgen müsste, um die beobachteten Effekte hervorzurufen, kann nicht definiert werden. Eine technische Realisierung zur Reduktion des Jitter eines Signals durch Einsatz eines Phase-locked loop (PPL) ist hingegen beschrieben (15).

Spektren für „Shimmer-Max" und „relative Jitter-Max" von Tönen unterschiedlicher Höhe, gespielt von zwei Spielern dieser Studie, weisen sowohl Ähnlichkeiten wie Unterschiede zwischen den Tönen wie auch zwischen den Spielern auf (siehe Abb. 17a, 17b ,18a, 18b). Es ist eine Tendenz zu erkennen, dass bei tiefen Tönen das Shimmer-Max-Niveau höher ist als bei den oktavierten Tönen und auch die Peaks stärker ausgeprägt sind, wobei es deutliche Unterschiede zwischen den Spielern bzgl. der Lage der Peaks gibt. Für die relativen Jitter-Max-Spektren der Töne ist das gleiche Phänomen wie für die Shimmer-Max-Spektren erkennbar, wenn auch die Unterschiede zwischen den tiefen Tönen und den oktavierten Tönen geringer ausfallen. Generell kann auf Basis der Messdaten die Aussage getroffenen werden, dass professionelle Spieler sowohl das Maß an Amplituden- wie auch an Frequenzschwankungen der Obertöne für einen Frequenzbereich der Obertöne bis ca. 5000 Hz innerhalb einer Oktave weitgehend stabil halten können und somit für diese zwei Parameter einen für den einzelnen Spieler gleichartigen aber im Vergleich zweier Spieler jeweils typischen individuellen Sound erzeugen.

Die Bandbreite eines Signals in einem frequenzabhängigen Intensitätsspektrum ist bedingt durch das Phasenrauschen und damit den Jitter des Signals (15). Somit war der Befund zu erwarten, dass die Bandbreiten der Signale der Teiltöne eines Klangspektrums korrelieren mit den über Praat bestimmten Jitter-Max- und Jitter-STAW-Werten der betreffenden Teiltöne (siehe Abb. 21a, 21b).

Bei drei der vier Spieler dieser Studie weisen entsprechende Messungen der Bandbreite der Signale der Teiltöne wie auch der Jitter-Werte dieser Teiltöne eindeutig darauf hin, dass die Spieler bei der Erzeugung eines Subtons, Teil- bzw. Obertöne mit einem deutlich größeren Phasenrauschen generieren als dies bei Teil- bzw. Obertönen des gleichen Tons gespielt als Kernton der Fall ist (siehe Abb. 22a, 22b, 23a, 23b). Das Phasenrauschen der Teiltöne eines Subtons fällt je nach Frequenz des Teiltons drei bis acht mal so hoch aus wie das Phasenrauschen der Teiltöne des gespielten Kerntons. Dabei zeigen sich auch wiederum generelle Unterschiede zwischen den Jitter-Spektren der jeweiligen Spieler. Die Shimmer-Werte der Teiltöne des Subtons und des Kerntons zeigen vergleichbare Effekte wie die entsprechenden Jitter-Werte (siehe Abb. 22c, 23c). Als Erklärung für dieses Phänomen bietet sich folgendes an: i) zur Erzeugung eines Kerntons „trimmt" der professionelle Spieler alle von ihm kontrollier- und beeinflussbaren Komponenten bzw. Parameter der Klangbildung in einer Weise, dass ein Phasen- und Amplitudenrauschen minimiert wird, während er ii) beim Subton entsprechende Veränderungen bei diesen Parametern vornimmt, die zu einer Zunahme des Phasen- und Amplitudenrauschens führen.

Bei einem der vier Saxophonspieler dieser Studie konnte allerdings beobachtet werden, dass beim Subton gegenüber dem Kernton nur bei den Obertönen im Frequenzbereich von 1500-2500 Hz ein deutlich verstärktes Phasen- (Jitter) und Amplitudenrauschen (Shimmer) auftrat, während die anderen Teiltöne zwischen Sub- und Kernton keine wesentlichen Unterschiede im Jitter und Shimmer zeigten (Abb. 24a-b). Dieser Spieler hat scheinbar eine eigene, leicht unterschiedliche Art gefunden, um entsprechend seinen Vorstellungen Soundunterschiede zwischen dem Subton und dem Kernton zu realisieren.

Man kann davon ausgehen, dass das hier beschriebene Vermögen professioneller Saxophonspieler i) die Entstehung von Teiltönen eines Klangs zu kontrollieren und in erheblichem Maße zu modulieren, und auch ii) das Amplitudenrauschen (Shimmer) und das Frequenzrauschen von Teiltönen gezielt zu beeinflussen, um den „eigenen Soundvorstellungen" zu entsprechen, durch ein intensives, möglicherweise jahrelanges ausdauerndes Üben und Trainieren entwickelt wurde und kontinuierlich aufrechterhalten wird. Schüler von professionellen Saxophonspielern können massiv von ihren Lehrern profitieren, wenn diese in der Lage sind, zu erläutern und zu demonstrieren, auf welche Weise Sie selbst sich in die Lage versetzt haben, diese Effekte zu erzeugen. Denn unter Berücksichtigung der Erkenntnisse der Psychoakustik (10) muss davon ausgegangen werden, dass sowohl die hier beschriebenen unterschiedlichen Kinetiken der Ausbildung von Teiltönen eines Klangs, wie auch die gemessenen Unterschiede im Phasenrauschen und Amplitudenrauschen der Teiltöne „effektiv hörbar" sind und somit den Sound bzw. das Sounderlebnis beeinflussen bzw. in erheblichem Maße bestimmen.

Danksagung:

Besonderer Dank gilt Denis Gaebel, Tony Lakatos, Claudius Valk und Steffen Weber, die trotz eines engen Terminplans durch ihre Unterstützung und Bereitschaft zu entsprechenden Tonaufnahmen diese Studie erst möglich gemacht haben.

Dank gilt auch den Entwicklern von „Praat", die diese Software mit einer Vielzahl von Funktionen auf Basis validierter Algorithmen ausgestattet haben und diese kostenfrei für Forschungszwecke zur Verfügung stellen.

References

1) A. Rehm; L. Rehm; „Schallwellenanalyse des Sounds professioneller TenorsaxophonspielerInnen. Teil 1: Akustische Komponenten der Schallwelle, die vom Spieler generiert und reguliert werden und den Sound beeinflussen"; ISBN: 9783668712768; Deutsche Nationalbibliothek; http://dnb.d-nb.de

2) A. Rehm; „Schallwellenanalyse des Sounds professioneller TenorsaxophonspielerInnen. Teil 2: Methodik zur Bestimmung und Analyse von Formantenspektren und Formantenbändern aus mittels Fourieranalyse errechneten frequenzabhängigen Intensitätsspektren"; ISBN: 9783668777590; Deutsche Nationalbibliothek; http://dnb.d-nb.de

3) Denis Gaebel, Tony Lakatos, Steffen Weber, Claudius Valk, Alexander Rehm; Schallwellenanalyse des Sounds professioneller TenorsaxophonspielerInnen. Teil 4: Charakterisierung des vom Tenorsaxophonspieler generierten Rauschens (Spielerrauschen = SpR) im Frequenzbereich von 0-

10.000Hz und Bedeutung des „SpR" für den Sound"; ISBN: 9783668836563; Deutsche Nationalbibliothek; http://dnb.d-nb.de

4) J. Chen, J. Smith, J. Wolfe; "Saxophonists tune vocal tract resonances in advanced performance techniques"; J.Acoustic.Soc.Am 129(1), January 2011; pages 415-426

5) S. Geroso, A. Belli, S. Cingolani, M. Masoero; "Survey of the influence of the vocal tract on the clarinet sound by different signal analysis methods"; Forum Acusticum 2005 Budapest; pages 557-561

6) Li, W., Chen, J-M., Smith, J. and Wolfe, J. "Effect of vocal tract resonances on the sound spectrum of the saxophone" ACTA ACUSTICA UNITED WITH ACUSTICA, 101, 270-278 (2015) DOI 10.3813/AAA.918825

7) J. Kergomard et al.; TECNIACUSTICA 2013; pp.1209-1216, Valladolid; Spain; <hal-01309204>

8) A. Rehm; „Schallwellenanalyse des Sounds professioneller TenorsaxophonspielerInnen. Teil 3: Vergleichende Analyse von Formanten gesprochener Vokale und Tenorsaxophontönen zur Bestimmung der Herkunft bzw. des Generierungsortes der Formantenbänder des Tenorsaxophonspiels im Frequenzbereich von 0-10.000Hz"; ISBN: 9783668815902; Deutsche Nationalbibliothek; http://dnb.d-nb.de

9) Tonaufnahme der Webseite der University of New South Wales /Australien; B3 / Basisfrequenz: 147Hz; http://newt.phys.unsw.edu.au/music/clarinet/

10) H. Fastl, E. Zwicker; „Psychoacoustics" Third edition, Springer Verlag 2007; ISSN: 0720-678X

11) J. Meyer; "Acoustics and the performance of music"; DOI: 10.1007/978-0-387-09517-2_2; Springer Science; LLC2009

12) F. Fransson; „The source spectrum of double-reed wood-wind instruments"; Quartely Progress and Status Report; KTH Ventenskap och Konst; Journal: STL-QPSR, Vol. 8, Number 1, pages: 025-027, 1967; http://www.speech.kth.se/qpsr

13) A. Sontacchi; „Entwicklung eines Modulkonzeptes für die psychoakustische Geräuschanalyse unter MatLab"; https://iem.kug.ac.at/fileadmin/media/iem/altdaten/projekte/acoustics/psychoakustik/sontacchi/sontacchi.pdf

14) A. Oginuma, F. Stadler; „Charakterisierung von Phasen- und Amplitudenrauschen bei einer PPL"; Polyscope 1-2/08; pages 38-41; https://www.polyscope.ch/site/assets/files/16034/ps_s38-41.pdf

15) W. Kester; „Converting Oscillator Phase Noise to Time Jitter"; MT-008 Tutorial; Analog Devices; https://www.analog.com/media/en/training-seminars/tutorials/mt-008.pdf

16) C. Dunger, R. Cerda; „Einfluss von Oszillatoren mit extrem niedrigem Phasenrauschen auf die Systemleistung"; hf-praxis 1/2014; https://www.wdi.ag/files/presse/2014-01einfluss-von-oszillatoren.pdf

Katalog der Abbildungen:

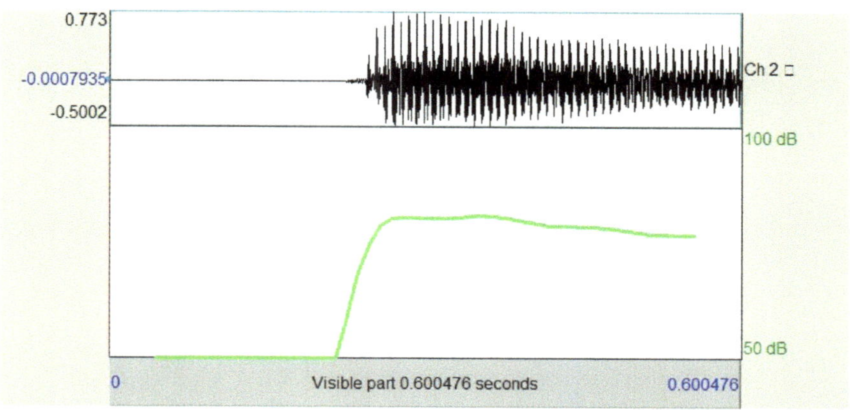

Abbildung 1a: Darstellung der Entwicklung der Schallwelle (oberer Teil) und des korrespondierenden Schallpegels in dB (unterer Teil) in einem Zeitfenster von 600 ms bei Erzeugung eines tiefen D im Kernton (Spieler: T. Lakatos)

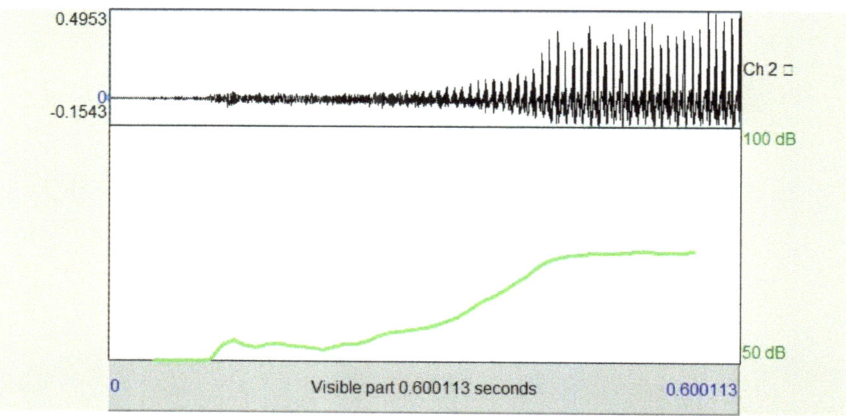

Abbildung 1b: Darstellung der Entwicklung der Schallwelle (oberer Teil) und des korrespondierenden Schallpegels in dB (unterer Teil) in einem Zeitfenster von 600 ms bei Erzeugung eines tiefen D im Subton aus vorherigem Spielerrauschen (Spieler: T. Lakatos)

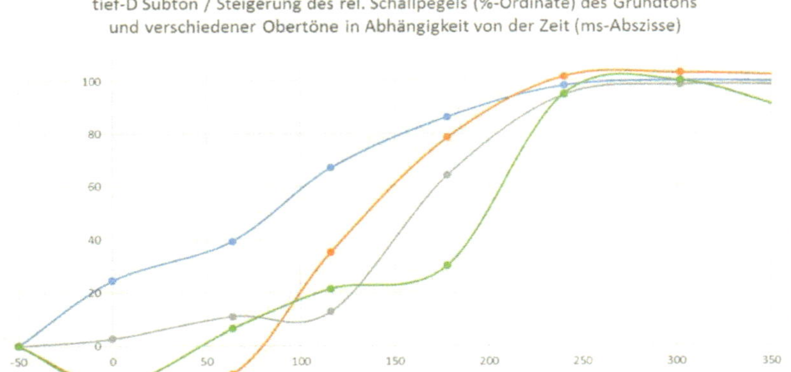

Abbildung 2: Zeitliche Entwicklung (ms / Abszisse) der auf das jeweilige dB-Maximum normierten relativen dB-Werte (% / Ordinate) des Grundtons (tief-D/ Basisfrequenz: 129 Hz) gespielt als Subton und verschiedener Obertöne mit einem Vielfachen der Basisfrequenz. (Spieler: C. Valk)

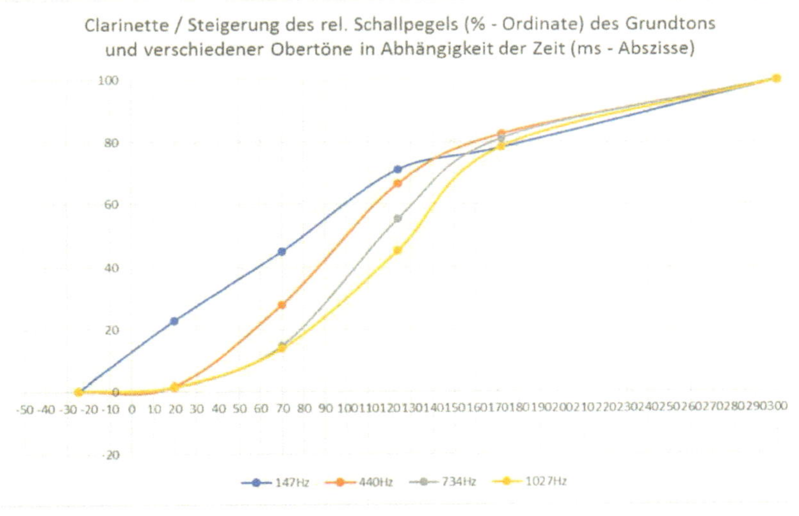

Abbildung 3: Zeitliche Entwicklung (ms / Abszisse) der auf das jeweilige dB-Maximum normierten relativen dB-Werte (% / Ordinate) des Grundtons (B3 / Basisfrequenz: 147 Hz) und verschiedener Obertöne mit einem Vielfachen der Basisfrequenz. (Quelle: Klarinetten wav-Datei auf der Webseite der University of New South Wales / Australien)

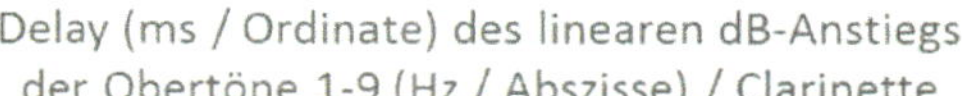
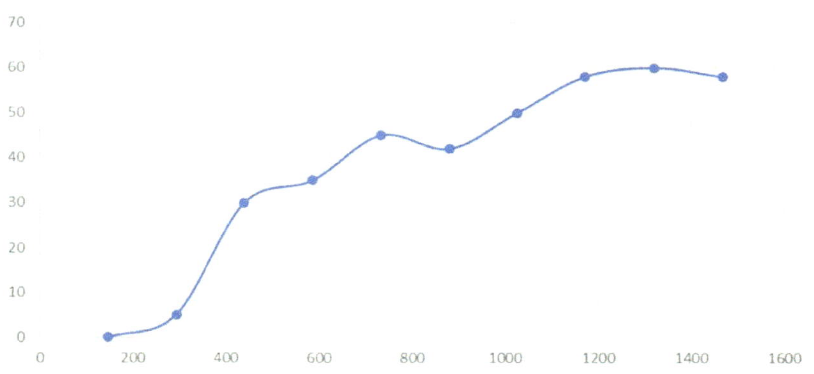

Abbildung 4: Zeitliche Verzögerung (ms / Ordinate) der Entstehung der Obertöne (mit Vielfachem der Basisfrequenz in Hz / Abszisse) gegenüber dem Zeitpunkt der Entstehung des Grundtons (Basisfrequenz = 147 Hz). Daten sind abgeleitet aus der Analyse der Klarinetten-Aufnahme der University of New South Wales die auch der Abbildung 3 zugrunde liegt.

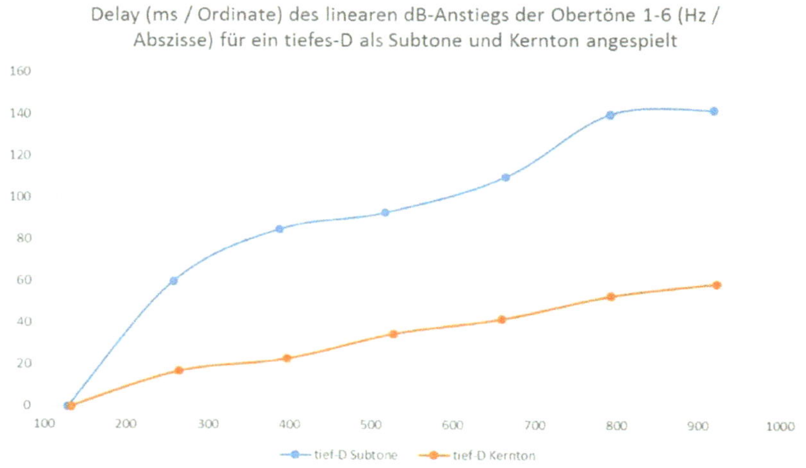

Abbildung 5: Zeitliche Verzögerung (ms / Ordinate) der Entstehung der Obertöne (mit Vielfachem der Basisfrequenz in Hz / Abszisse) gegenüber dem Zeitpunkt der Entstehung des Grundtons für die angespielten Töne „tief-D als Subton" und „tief-D als Kernton". (Spieler: C. Valk)

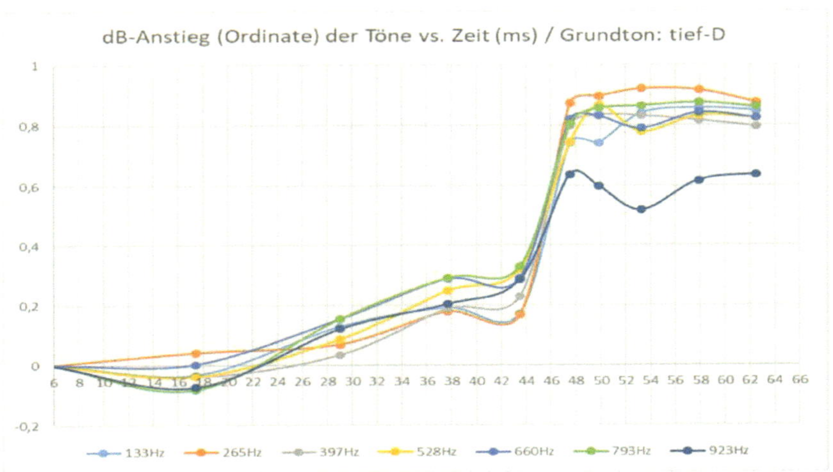

Abbildung 6: Zeitliche Entwicklung (Abszisse / ms) der auf das jeweilige dB-Maximum normierten relativen dB-Werte (% / Ordinate) des Grundtons (tief-D Kernton / Basisfrequenz: 133 Hz) und der verschiedenen Obertöne mit einem Vielfachen der Basisfrequenz. Der Ton wurde „Attacke-artig" angespielt. (Spieler: D. Gaebel)

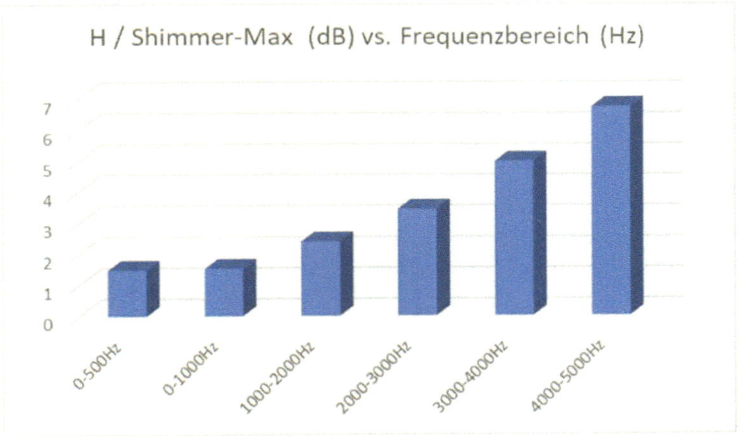

Abbildung 7: „Shimmer-Max" Werte in dB (Ordinate) für definierte Frequenzbereiche des Ton-H. (Spieler: C. Valk)

Spieler: C.Valk / Ton-H			
Frequenz	low dB	high dB	Shimmer-Max dB
0-500Hz	76,18	77,66	1,48
0-1000Hz	76,28	77,81	1,53
1000-2000Hz	65,74	68,14	2,4
2000-3000Hz	55,62	59,05	3,43
3000-4000Hz	54,62	59,6	4,98
4000-5000Hz	40,22	46,96	6,74

Tabelle 1: Auflistung der messbaren minimalen und maximalen dB-Werte sowie des Shimmer-Max für definierten Frequenzbereiche des Ton-H aus Abbildung 7.

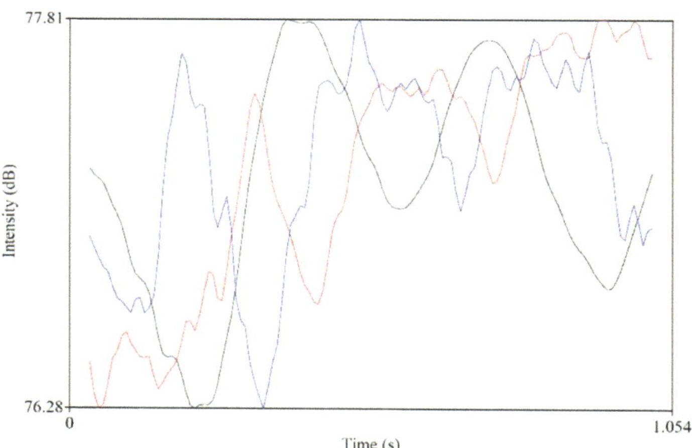

Abbildung 8a: Darstellung der zeitlichen Intensitätsschwankung (Shimmer) der Frequenzbereiche 0-1000 Hz (schwarze Kurve); 1000-2000 Hz (rote Kurve) und 2000-3000 Hz (blaue Kurve) des Ton-H im Zeitraum von 1 sec. Auf der Ordinate sind die Werte für den Frequenzbereich 0-1000 Hz angegeben – die Ordinatenwerte der anderen Frequenzbereiche sind relativ – siehe dazu auch Tabelle 1. (Spieler: C. Valk)

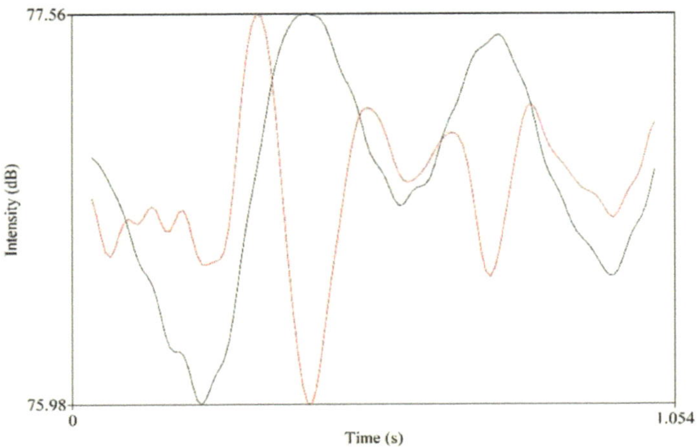

Abbildung 8b: Darstellung der zeitlichen Intensitätsschwankung (Shimmer-Max) des Basistons bei 220 Hz (schwarze Kurve) und des 1. Obertons bei 440 Hz des gespielten Ton-H im Zeitraum von 1 sec. Auf der Ordinate sind die Werte für den Basiston angegeben – die Ordinatenwerte für den 1. Oberton sind relativ. (Spieler: C. Valk)

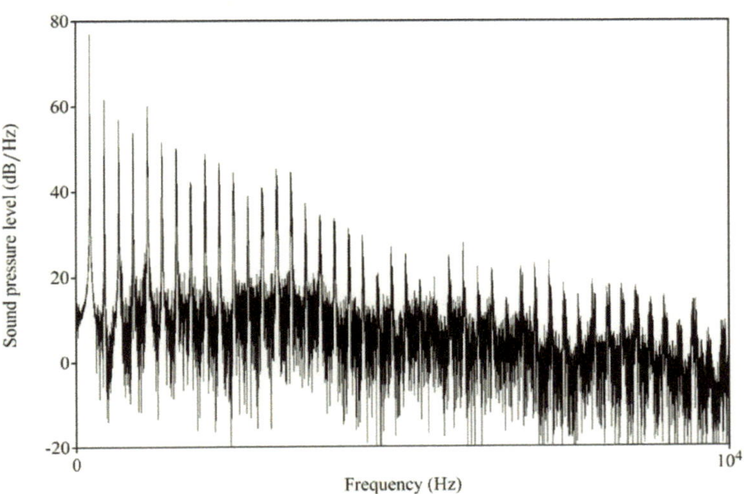

Abbildung 9a: Frequenzspektrum des gespielten Ton-H. (Spieler C. Valk)

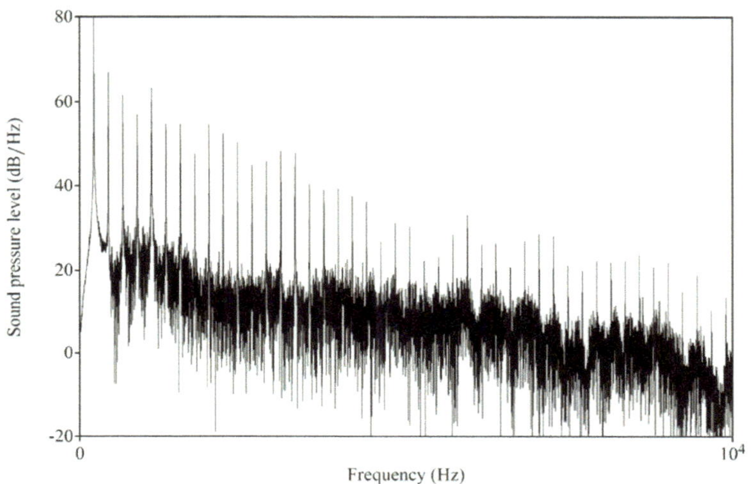

Abbildung 9b: Frequenzspektrum des simulierten Ton-H nach Vorlage von Abb. 9a durch Addition des individuellen Spielerauschens und synthetisch erzeugter Sinustöne entsprechender Intensität.

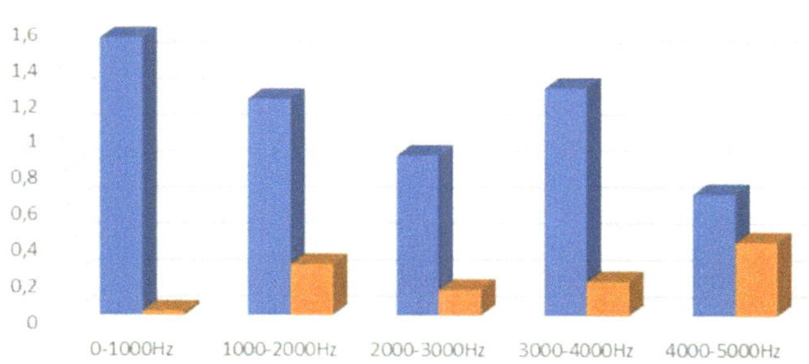

Abbildung 10: „Effektiver Shimmer-Max" des gespielten Ton-H von Abbildung 9a (Spieler: C. Valk) und des simulierten Ton-H von Abbildung 9b für definierte Frequenzbereiche (0-5.000 Hz) der jeweiligen Klänge.

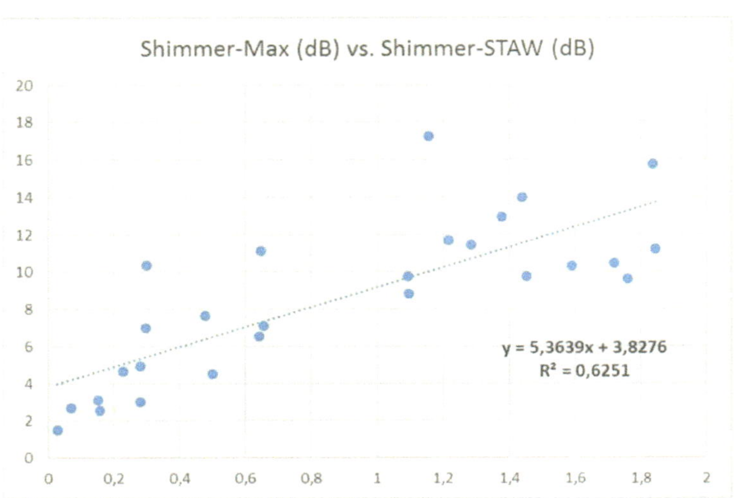

Abbildung 11: Darstellung der ermittelten Shimmer-Max-Werte (Ordinate/dB) für den Grundton und die ersten 26 Obertöne eines gespielten Ton-H (Basiston: 220 Hz) aufgetragen gegen die über Praat ermittelten Shimmer-STAW-Werte (Abszisse/dB) für den Grundton und die entsprechenden Obertöne. Die Formel beschreibt die lineare Regressionsgerade, der R^2-Wert den Grad der Korrelation. (Spieler: C. Valk)

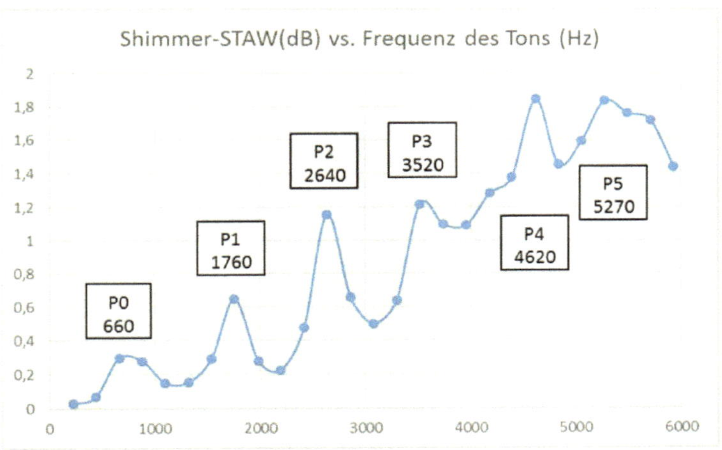

Abbildung 12: Darstellung der Shimmer-STAW-Werte (Ordinate/dB) des Basistons und der ersten 26 Obertöne des gespielten Ton-H (220 Hz) aufgetragen gegen die Frequenz des jeweiligen Tons (Abszisse/Hz). Die Maxima des Shimmer-Frequenzspektrums sind als „P0 - P5" markiert und zeigen die Frequenz (Hz) des jeweiligen Peakmaximums. (Spieler: C. Valk)

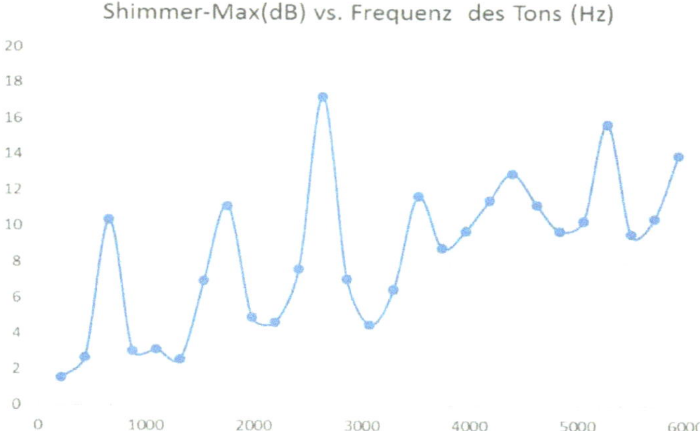

Abbildung 13: Darstellung der Shimmer-Max-Werte (Ordinate/dB) des Basistons und der ersten 26 Obertöne des gleichen gespielten Ton-H wie aus Abbildung 12, aufgetragen gegen die Frequenz des jeweiligen Tons (Abszisse/Hz). / (Spieler: C. Valk)

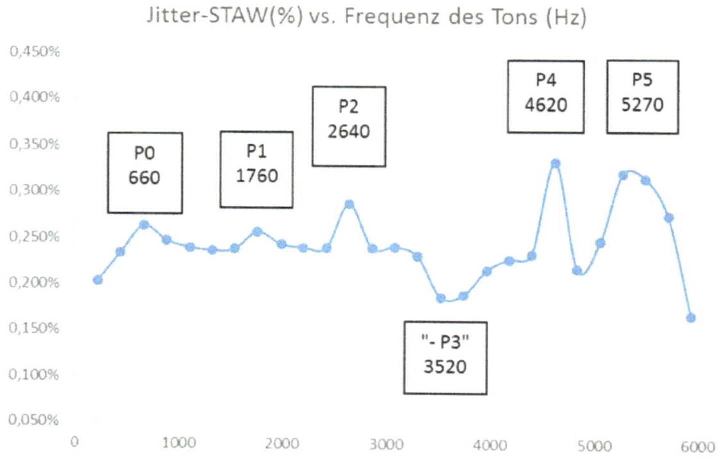

Abbildung 14: Darstellung der rel. Jitter-STAW-Werte (Ordinate/%) des Basistons und der ersten 26 Obertöne des gespielten Ton-H (220 Hz) aufgetragen gegen die Frequenz des jeweiligen Tons (Abszisse/Hz). Die Peaks des Jitter-Frequenzspektrums sind als „P0 - P5" markiert und zeigen die Frequenz (Hz) des jeweiligen Peakmaximums bzw. Peakminimums. (Spieler: C. Valk)

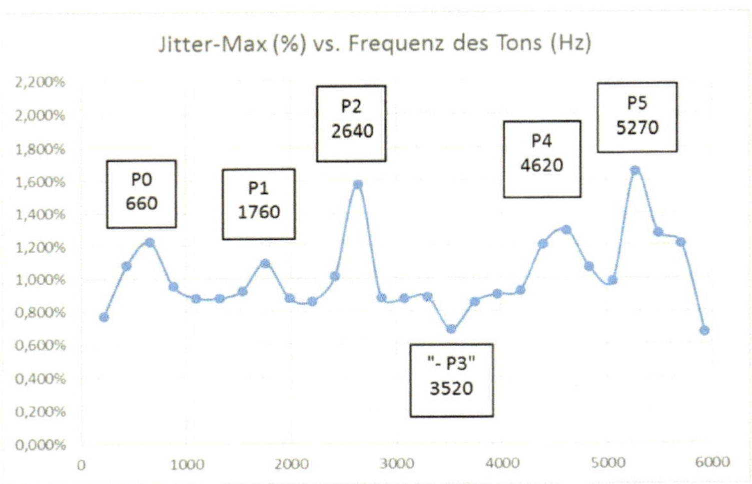

Abbildung 15: Darstellung der Jitter-Max-Werte (Ordinate/%) des Basistons und der ersten 26 Obertöne des gleichen gespielten Ton-H wie aus Abbildung 14, aufgetragen gegen die Frequenz des jeweiligen Tons (Abszisse/Hz). / (Spieler: C. Valk)

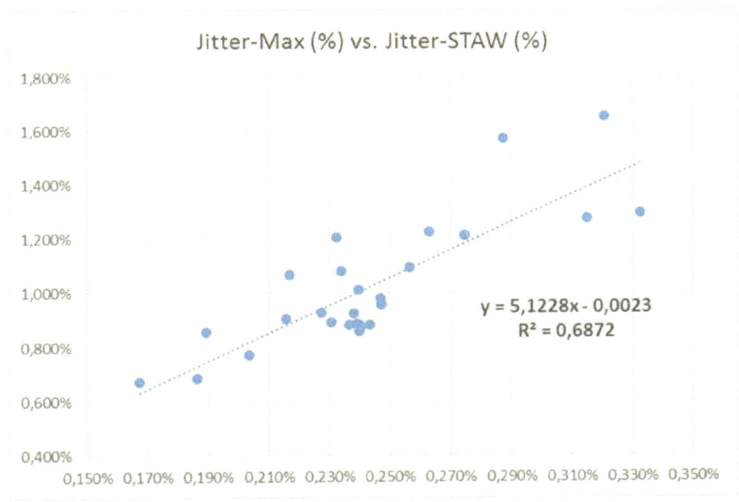

Abbildung 16: Darstellung der ermittelten rel. Jitter-Max-Werte (Ordinate) aus Abb. 15, aufgetragen gegen die rel. Jitter-STAW-Werte (Abszisse) aus Abb. 14 mit Angabe der Regressionsgerade und des R^2-Werts als Grad der Korrelation. (Spieler: C. Valk)

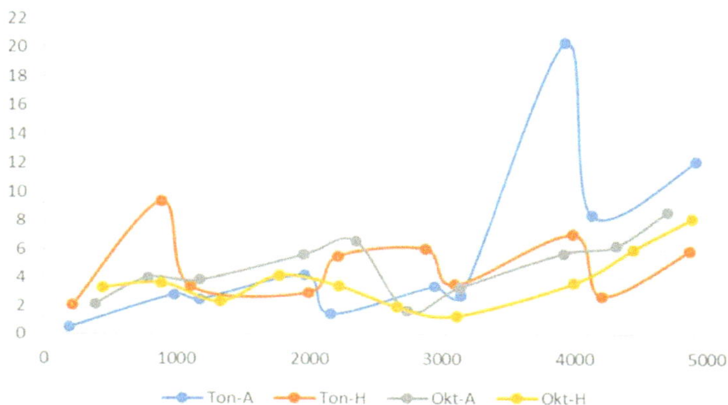

Abbildung 17a: Shimmer-Max-Werte (dB/Ordinate) des Basistons und ausgewählter Obertöne für die gespielten Töne A, H, A-oktaviert und H-oktaviert, aufgetragen gegen die jeweilige Frequenz des Basis- bzw. Obertons (Hz/Ordinate). (Spieler: T. Lakatos)

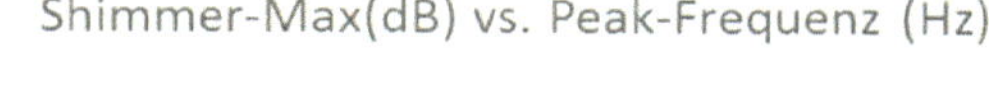
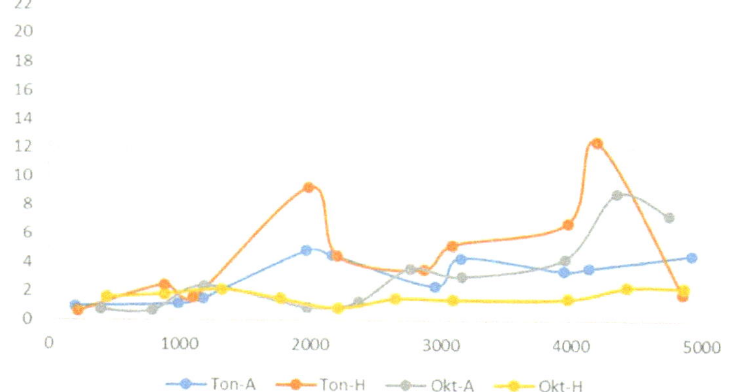

Abbildung 17b: Shimmer-Max-Werte (dB/Ordinate) des Basistons und ausgewählter Obertöne für die gespielten Töne A, H, A-oktaviert und H-oktaviert, aufgetragen gegen die jeweilige Frequenz des Basis- bzw. Obertons (Hz/Ordinate). (Spieler: S. Weber)

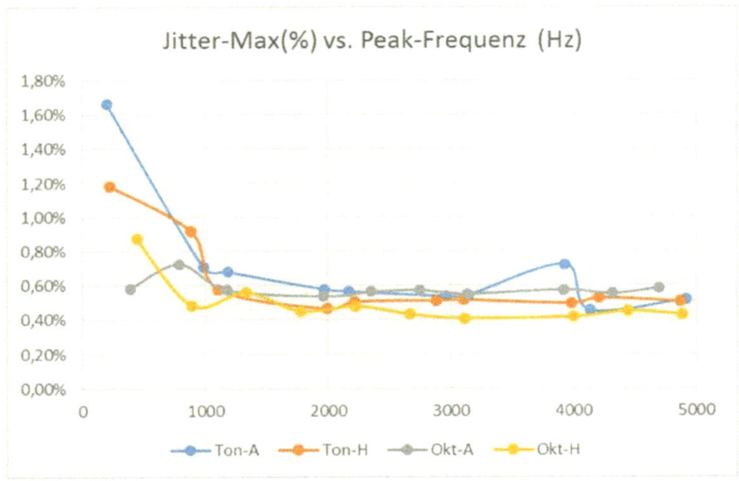

Abbildung 18a: Relative Jitter-Max-Werte (%/Ordinate) des Basistons und ausgewählter Obertöne für die gespielten Töne A, H, A-oktaviert und H-oktaviert, aufgetragen gegen die jeweilige Frequenz des Basis- bzw. Obertons (Hz/Ordinate). (Spieler: T. Lakatos)

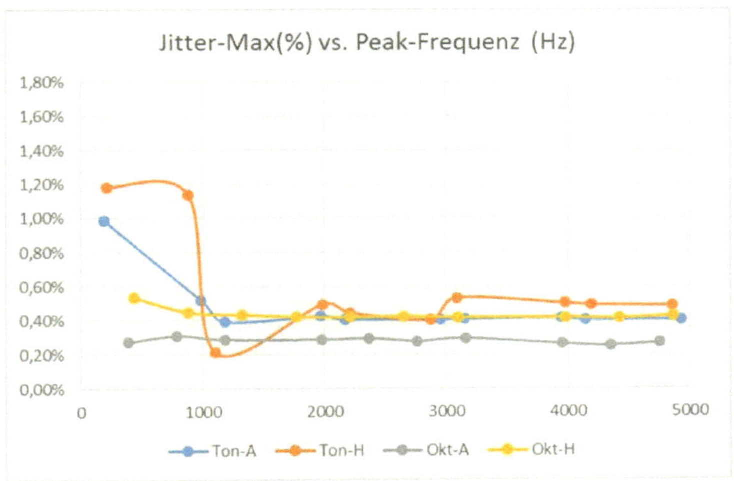

Abbildung 18b: Relative Jitter-Max-Werte (%/Ordinate) des Basistons und ausgewählter Obertöne für die gespielten Töne A, H, A-oktaviert und H-oktaviert, aufgetragen gegen die jeweilige Frequenz des Basis- bzw. Obertons (Hz/Ordinate). (Spieler: S. Weber)

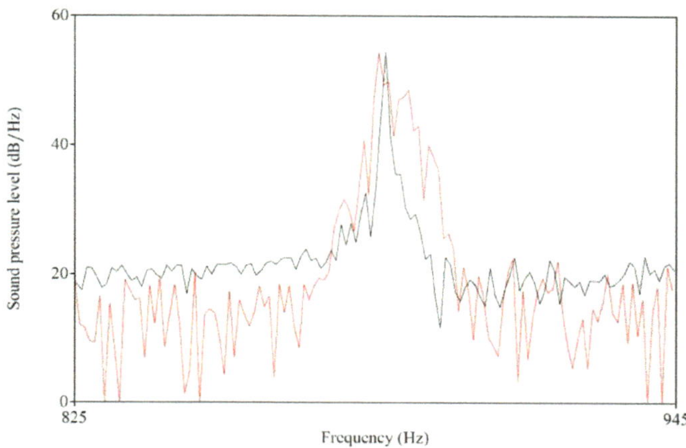

Abbildung 19: Ausschnitte aus dem intensitätsabhängigen Frequenzspektrum eines gespielten Ton H mit dem 3. Oberton (Peakmaximum bei 886 Hz / schwarze Kurve) und dem 17. Oberton (Peakmaximum bei 3990 Hz/rote Kurve). Die Achsenbeschriftung gilt für die schwarze Kurve – für die rote Kurve wurden gleiche Bereiche bzgl. dB (Range: -10 – 50 dB) und Hz (Range = 3930-4050 Hz) gewählt (nicht gekennzeichnet). (Spieler: D. Gaebel)

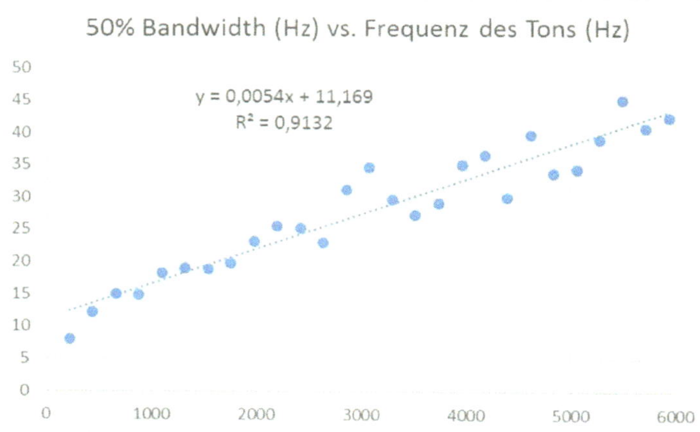

Abbildung 20: Darstellung der Bandbreite (als „50 % Bandwidth" – siehe Methoden) in Hz (Abszisse) des Basistons und der Obertöne des Frequenzspektrums eines gespielten H aufgetragen gegen die Frequenz (Hz/Ordinate) des Basistons bzw. der entsprechenden Obertöne. (Spieler: C. Valk)

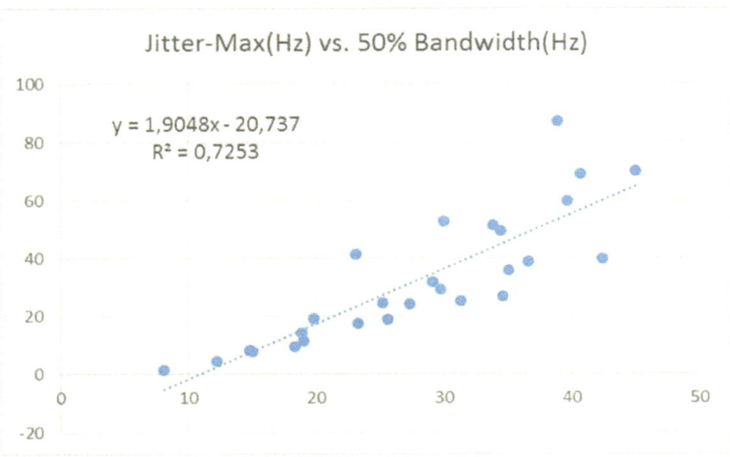

Abbildung 21a: Jitter-Max (Hz/Abszisse) des Basistons und der Obertöne des Klangs aus Abbildung 20 aufgetragen gegen den Wert für die Bandbreite (50 % Bandwidth) des Basistons bzw. des jeweiligen Obertons (Hz/Ordinate). Darstellung der Formel und des R^2-Wertes für die lineare Regression. (Spieler C. Valk)

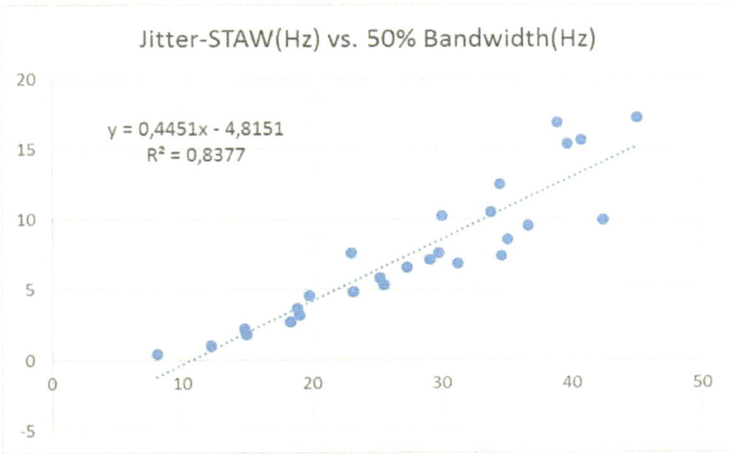

Abbildung 21b: Jitter-STAW (Hz/Abszisse) des Basistons und der Obertöne des Klangs aus Abbildung 20 aufgetragen gegen den Wert für die Bandbreite (50 % Bandwidth) des Basistons bzw. des jeweiligen Obertons (Hz/Ordinate). Darstellung der Formel und des R^2-Wertes für die lineare Regression. (Spieler C. Valk)

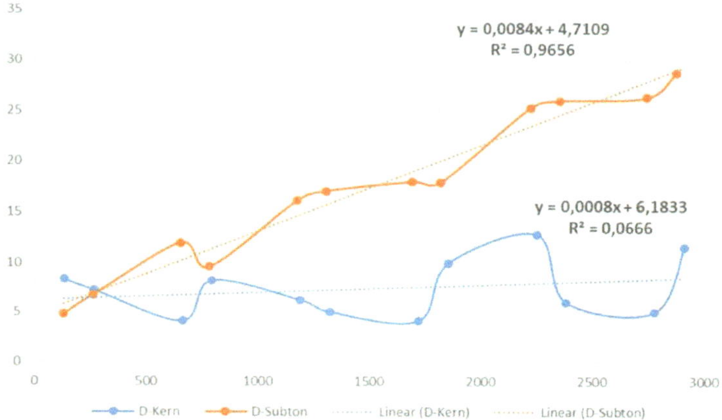

Abbildung 22a: Werte für die Bandbreite (50 % Bandwidth in Hz; Ordinate) der Peaks im Frequenzspektrum (Basiston und Obertöne) der gespielten Klänge „tief-D als Kernton" (D-Kern, blaue Kurve) und „tief-D als Subton" (D-Subton, rote Kurve), aufgetragen gegen die Frequenz der Peaks (Hz/Abszisse). Angegeben sind die Formeln und die R^2-Werte einer linearen Regression. (Spieler: S. Weber)

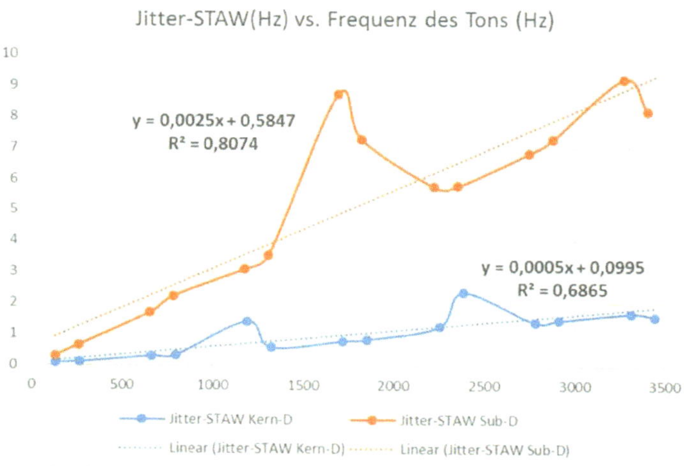

Abbildung 22b: Jitter-STAW (Hz; Ordinate) der Peaks im Frequenzspektrum (Basiston und Obertöne) der gleichen gespielten Klänge (D-Kern, blaue Kurve / D-Subton, rote Kurve) aus Abb. 22a, aufgetragen gegen die Frequenz der Peaks (Hz/Abszisse). Angegeben sind die Formeln und die R^2-Werte einer linearen Regression. (Spieler: S. Weber)

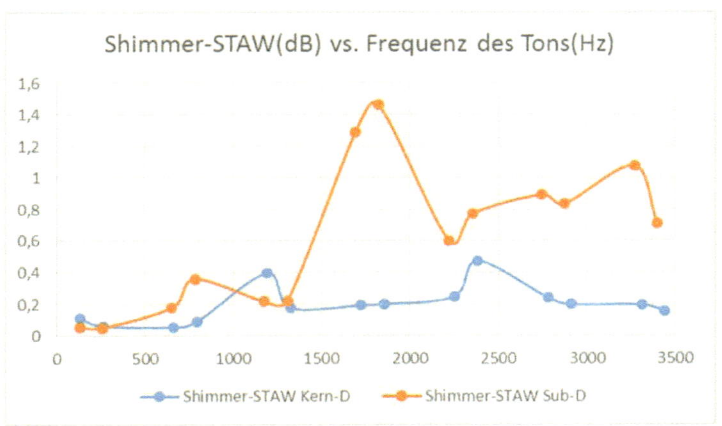

Abbildung 22c: Shimmer-STAW (dB; Ordinate) der Peaks im Frequenzspektrum (Basiston und Obertöne) der gleichen gespielten Klänge (D-Kern, blaue Kurve / D-Subton, rote Kurve) aus Abb. 22a, aufgetragen gegen die Frequenz der Peaks (Hz/Abszisse). (Spieler: S. Weber)

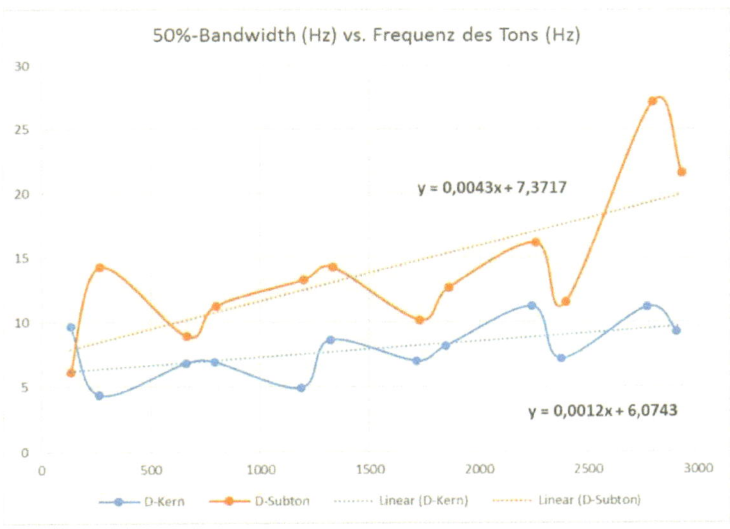

Abbildung 23a: Werte für die Bandbreite (50 % Bandwidth in Hz; Ordinate) der Peaks im Frequenzspektrum (Basiston und Obertöne) der gespielten Klänge „tief-D als Kernton" (D-Kern, blaue Kurve) und „tief-D als Subton" (D-Subton, rote Kurve) aufgetragen gegen die Frequenz der Peaks (Hz/Abszisse). Angegeben sind die Formeln einer linearen Regression. (Spieler: T. Lakatos)

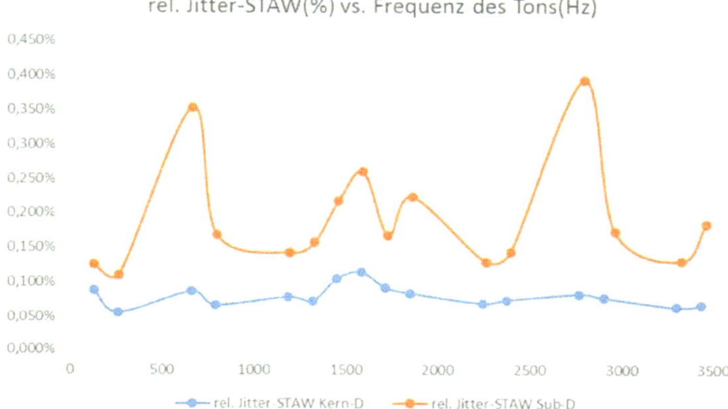

Abbildung 23b: Relative Jitter-STAW-Werte (%; Ordinate) der Peaks im Frequenzspektrum (Basiston und Obertöne) der gleichen gespielten Klänge (D-Kern, blaue Kurve / D-Subton, rote Kurve) aus Abb. 23a, aufgetragen gegen die Frequenz der Peaks (Hz/Abszisse). (Spieler: T. Lakatos)

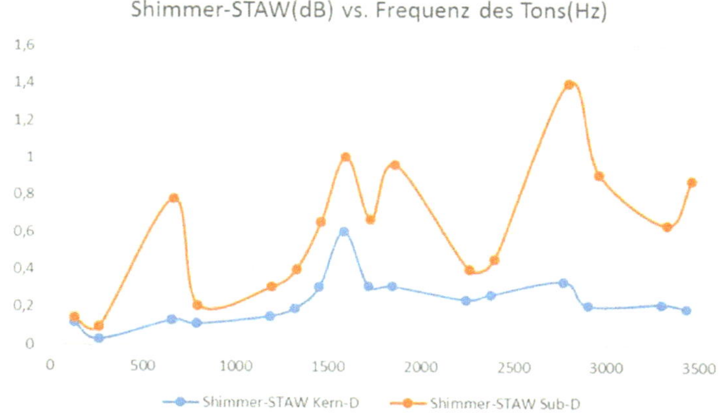

Abbildung 23c: Shimmer-STAW (dB; Ordinate) der Peaks im Frequenzspektrum (Basiston und Obertöne) der gleichen gespielten Klänge (D-Kern, blaue Kurve / D-Subton, rote Kurve) aus Abb. 23a, aufgetragen gegen die Frequenz der Peaks (Hz/Abszisse). (Spieler: T. Lakatos)

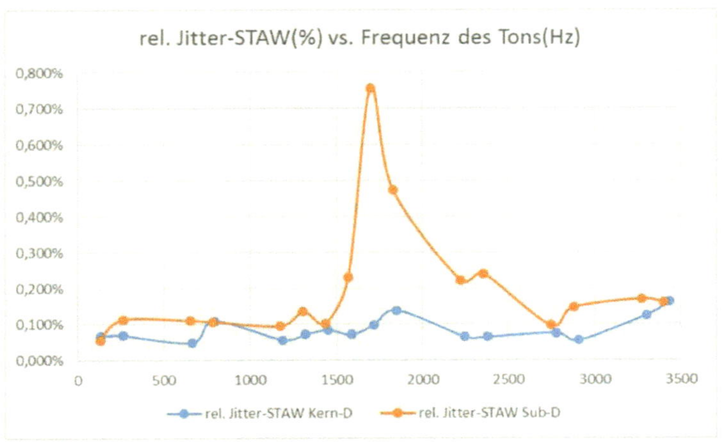

Abbildung 24a: Relative Jitter-STAW-Werte (%; Ordinate) der Peaks im Frequenzspektrum (Basiston und Obertöne) der gespielten Klänge „tief-D als Kernton" (Kern-D, blaue Kurve) und „tief-D als Subton" (Sub-D, rote Kurve) aufgetragen gegen die Frequenz der Peaks (Hz/Abszisse). (Spieler: D. Gaebel).

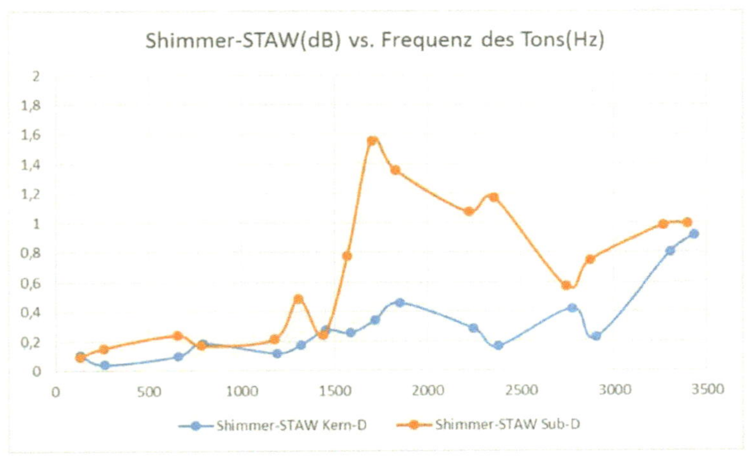

Abbildung 24b: Shimmer-STAW (dB; Ordinate) der Peaks im Frequenzspektrum (Basiston und Obertöne) der gleichen gespielten Klänge (D-Kern, blaue Kurve / D-Subton, rote Kurve) aus Abb. 24a, aufgetragen gegen die Frequenz der Peaks (Hz/Abszisse). / (Spieler: D. Gaebel)

BEI GRIN MACHT SICH IHR WISSEN BEZAHLT

- Wir veröffentlichen Ihre Hausarbeit,
  Bachelor- und Masterarbeit

- Ihr eigenes eBook und Buch -
  weltweit in allen wichtigen Shops

- Verdienen Sie an jedem Verkauf

Jetzt bei www.GRIN.com hochladen
und kostenlos publizieren